168轻断食瘦身餐盘计划

黄君圣——著

中国轻工业出版社

序1

了解营养知识，远离肥胖、减少病痛

小时候看过的一本书深深影响了我，也塑造了现在的我，这本书就是《灌篮高手》。虽然这是一套漫画书，而且可能现在的年轻人不知道它是什么，但是它在我成长过程中扮演着很重要的角色。

我最喜欢的角色不是主角樱木花道，而是另外一个经典角色，叫三井寿，他因遭遇挫折，放弃了原本最热爱的篮球，在一句经典台词“教练，我想打篮球！”之后，承认错误，重新回到球队。他曾迷失、曾堕落，经过峰回路转，终于回到热爱的球场上，并用加倍的努力补足曾经荒废的球技，他的故事一直激励着我。长大后，才发现我和他的经历似乎有点相似。我也在心中暗自期望着，有一天，自己的故事也能为别人带来力量。成为营养师后，我想将营养知识通过轻松有趣的方式帮助更多人，便开始拍摄视频。后来因为帮妈妈、阿嬷展开瘦身减脂计划，随手将过程记录下来，没想到，在网上分享后，意外得到许多回响，视频有近百万人次的观看。很多朋友告诉我，因为我的分享，让他们与家人得到很大的帮助，让我觉得一切辛苦与努力更有意义。

因为工作的关系，接触了许多长者，深深感受到健康的重要性，许多长者因为营养知识的不足，导致身体产生许多不必要的病痛。像我阿嬷就是个活生生的例子。阿嬷在缺乏营养的相关知识、长期饮食不正确的情况下，导致“三高”上身，影响她的健康。其实，很多病痛都是能够避免及预防的，只要能够花点心思，学习正确的观念、用心照顾自己身体、改变自己的行为，就能让结果不同。

最后，要特别感谢我的家人，没有他们的支持，我可能没办法完成这本书，特别是本书的料理，全部出自安妈之手，让营养理论知识可以实际应用在生活当中，并且安妈也亲身实践了我的168轻断食瘦身餐盘计划，证明了好好吃也能瘦得健康。还要谢谢超级固执但是仍愿意乖乖配合的阿环小姐（我阿嬷），希望借由她的故事鼓励更多人。连我八十八岁的阿嬷都行了，你一定也可以。

營養師 黃君聖

序2

只要好好吃，就能瘦得健康

在结婚生子前，我的体重大约五十公斤、身高一百六十二公分，但结婚生子后，体重就开始不断增加。我常常坐在马桶上看着我的腰，觉得那个腰已经不是腰了，是一圈又一圈厚厚的三层肉，曾经用手把肉捏到黑青，看看会不会消失，结果，黑青没了，三层肉还在，减肥这一条路，我已经走了快四十年。

记得有一次，老公的公司同事到我们家，事后问我老公："你们家怎么有一个比你还老的大姐?"他以为我是哪里来的欧巴桑。但实际上，老公比我大五岁呢。当时我其实还蛮伤心的，更加深了要好好减肥的决心。

朋友说吃药可以变瘦，我也不管是否会有副作用，便很勇敢地尝试了，结果也真的瘦下来了。但好景不长，维持不到一年，肥肉又悄悄上身，我又开始过着肥肉甩也甩不掉的日子。在这当中，只要有人提供瘦身的方法，我都会去试，像埋针、代餐、吃中药或者饿个三天，等等，但通常结果是越吃越多，每天过着对美食又爱又恨的生活。

这几十年来，每次去买衣服时，往往拿了自以为平常穿的尺寸，但试穿后却穿不下。店员会好心建议我再拿大一号尺寸，或是要我自行将衣服改大。曾经有一个亲戚说，我的体质应该是遗传自阿环小姐，所以，年纪越大，身形就会变得越像我阿母一样……每次听到这些话，我内心真的很痛苦，但就是瘦不下来，非常沮丧。

一直到Sunny成为营养师之后，慢慢开始改变我的饮食方式，我才知道，原来我以前很多观念都错了。我一步一步调整饮食习惯，很神奇的事发生了，我真的越吃越瘦了!

我本来就常下厨，学会这些饮食技巧以后，把我会的料理结合营养，就能够做得又好吃又健康。原来只要执行正确的饮食观念，不管多胖都瘦得下来，而且还不用挨饿。虽然自己料理会比较辛苦一点，但为了自己和家人的健康，是非常值得的。这本书也是我四十年的厨艺记录，想要健康吃美食的你，千万不要错过喔!

Sunny的妈妈/安妈（安妈）

前言

我的专业营养师之路

我的营养师之路有点“特别”，大部分的人在毕业之后随即投入相关领域，而我则是在商场绕了一圈，在毕业15年之后，才取得营养师认证、开始我的营养师生涯。

年营业额破六千万、拥有五间店的时尚老板

中学开始，我就喜欢运动，特别是打篮球，对于各式球鞋也很着迷，所以高中毕业后，就到球鞋店打工。刚开始，只是做兼职领时薪，后来网购市场兴起，我开始自己经营网店，而且做得有声有色，每个月的收入和上班族的薪水差不多，所以大学时期的我，并没有花太多心思在学业上。

经营网店一段时间后，我想要扩大至批发市场，就自己开着车，跑遍台湾各地，向各地的服饰店寻求合作机会，顺利地将事业版图扩展开来。这时的我，薪水已经是一般上班族的三四倍之多。

可能因为年轻时就尝到了成功的果实，我萌生了开实体店的想法。在那个只有博客的年代，新店开业第一天，就成功吸引了长长的排队人潮。这样的盛况帮我打了一针强心剂，尔后陆续在台北开了五间店，年营业额破六千万元。

当时虽然表面看起来相当风光，我其实并没有真正赚到钱。因为扩张过于快速，我忽略了装潢、人事等隐性成本，加上流行风向不断转变，为了迅速跟上潮流，我花了很多时间在工作上，无形之中，健康也在一点一滴损耗。经过七八年的苦心经营后，32岁的我，萌生了转换事业跑道的想法。

时尚光鲜的服饰老板，转行到“电台卖药”？

我的父母经营地方广播电台多年，除了要主持节目，还需要卖产品，就是俗称的“电台卖药”（其实正确来说，卖的是保健食品而不是药）。在我想要转换跑道之际，便将接手家中生意纳入选项之一。

不过，一开始转行的我其实心里有些排斥，毕竟以前接触的是最新、最流行的服饰行业，同时也是我自己喜欢的东西，突然要投入到一般人眼中的“夕阳产

业”，还得接受“电台卖药”这个负面标签，一时之间，我似乎找不到这份工作的价值感与认同感。

不过，我也很好奇，如果这是大家不信任的方式，为什么广播电台还能够生存？我抱着短暂打工的心态，偶尔帮忙接接电话，解答阿公、阿嬷们的问题，还亲自送货，和他们寒暄聊天。然而，当我接触越来越多的长者，我的想法开始发生改变，原来广播电台是这些长者的生活重心和信息来源，也是熟悉且信任的老朋友。我也发现，我不只是卖东西给他们的商家，也可以是给予他们实质照护与关怀的守护者。

慢慢地，我似乎看到了这份工作的核心价值，我心想，既然我也曾经是食品营养系的学生，为什么不好好考取专业资格证，为这些长辈提供更专业的建议、更优质的服务呢？这样一来，似乎也可以摆脱“电台卖药”让人不安心的“污名”。

毕业十五年后，才成为一名营养师

与其分享成功的经验，我更喜欢跟大家分享我经过不断失败又重新站起的故事。我的营养师资格考试，经历了五次失败才成功！

大学刚毕业时，理所当然地跟着同学一起准备营养师资格证考试，但当时抱着随缘的态度，也没有认真念书，接连考了两次，不出意外地落榜了。

毕业十五年后，我的人生目标坚定而清晰，即使要一边工作、一边念书，我仍然努力准备这人生第三次的营养师考试，结果考了48分（合格是60分）。第四次，我更加全心投入，将手边的工作都暂停，努力冲刺，结果得到了59.24分。差一点点就能及格，却还是以落榜收场，当时我真的忧郁崩溃许久。还好，家人给予我很大的支持与鼓励，我花了一点时间整理好心情，就又继续投入备考状态，生活只剩吃饭、睡觉、读书这三件事。这时候连睡觉都是奢侈，更别说是运动了，这也让我此时的体重达到人生高峰（这段瘦身故事后面会再与大家分享），而这一次，我终于如愿考上了！

我很幸运能够遇到“营养师之师”黄尚铭老师，他教导我的读书方法与专业知识，让我这个已经毕业十五年的老学生，也能取得营养师认证。

不过，考取营养师资格证只是个起点，我想做的事情很多、不懂的东西也很多，所以通过持续不断的进修来精进自我。我很喜欢运动，很希望能将运动和营养这两个影响健康的重要因子结合起来，所以还取得了国际健身教练ACE-CPT的证书。

改变餐桌料理，就能改善全家人的健康

我在电台工作时，接触到许多长者，发现他们缺乏营养的相关知识，忽略了日常饮食对身体的重要性，让错误的饮食习惯造成身体的负担，而我也在自己的家人身上发现了同样的问题。节俭的阿嬷，长期过油、过咸、过量的饮食，让她饱受“三高”（高血压、高血脂、糖尿病）之苦；喜好糕点等甜食的妈妈，体重、体脂也偏高，她常开玩笑地说，自从生下我之后，就再也没瘦过了。

成为营养师之后，我最想将自身的专业回馈给家人，尤其是我六十岁的妈妈和八十八岁的阿嬷，以前是她们照顾我，现在换我照顾她们了。最容易也最直接的方法，就是慢慢改变她们的饮食方式与习惯。

妈妈总是说她很幸运、很幸福，因为家里有个营养师儿子可以教她怎么吃。我也想将这份幸运与幸福传递到更多人家中，不管是通过社交媒体、视频或是这本书的分享。希望每个人家里也都能有一个像我这样的“叮咛”角色，给自己或家人更多的照顾。

全家福照。瘦下来后，不但可以穿上美美的衣服，精神也变得更好了。

Contents

PART 1 168轻断食前你要知道的事

PART 2 168轻断食瘦身餐盘攻略

PART 3 全谷物杂粮类料理

PART 4 豆蛋类料理

PART 5 海鲜类料理

PART 6 肉类料理

PART 7 蔬菜类料理

PART 8 汤料理

PART 9 点心&饮品料理

PART 1

168轻断食前 你要知道的事

很多人将“168轻断食”视为一种减肥必杀技，
以为只要“16小时禁食、8小时乱吃”就会瘦。
这样的错误方式不仅无法长久，
甚至会适得其反。
本章将带大家快速掌握轻断食重点，
迈向成功瘦身之路。

轻断食适合我吗？

“断食”顾名思义就是不吃东西。其实我们每个人每天都有断食的时候。比方说，睡觉的时候就是一种断食状态。断食的英文是fasting，而早餐的英文为breakfast，意思就是打破（break）禁食（fasting），所以其实“断食”大家每天都在做，只是时间长短不同而已。

什么是“168轻断食法”？

近几年相当流行的“轻断食”，也就是间歇性断食，主要分为整日断食以及限制进食时间的断食，比较常见的就是把进食时间限制在一天当中的某个时段，而其中的“168轻断食”，对于一般人而言不仅较易达成，也颇具效果，所以深受欢迎。

168轻断食，指的是一天24小时中，有16个小时不吃东西，进食控制在8小时内。假设早上9:00吃了第一餐，那么到了下午5:00以后，就不能再吃任何东西了。

◆ 常见的“间歇性断食法”

间歇性断食法	执行方式	举例
1410间歇性断食	14小时不吃东西，10小时内吃东西	早上9:00吃第一餐，晚上7:00过后不再进食
168间歇性断食	16小时不吃东西，8小时内吃东西	早上9:00吃第一餐，下午5:00过后不再进食
186间歇性断食	18小时不吃东西，6小时内吃东西	早上9:00吃第一餐，下午3:00过后不再进食
204间歇性断食	20小时不吃东西，4小时内吃东西	早上9:00吃第一餐，下午1:00过后不再进食
52间歇性断食	一周七天，其中两天只摄入500kcal热量的食物	星期一、星期四整天分别只摄入500kcal热量的食物，其他天维持正常饮食
隔日断食法	采取一天进食，一天断食	星期一正常饮食、星期二完全禁食、星期三正常饮食，以此类推

间歇性断食，能带来强大的瘦身效果？

要解释间歇性断食如何达到减重的原理，其实要先讲到身体内的激素变化。我们体内的激素包含了生长激素、瘦素、胰岛素等，其中胰岛素就在这里扮演重要的角色。

一般来说，我们在进食时，碳水化合物会使体内的血糖升高，这时候身体会通知胰脏的胰岛β细胞分泌胰岛素。胰岛素会开始工作，使我们血液中的葡萄糖进入到细胞里面运作，所以血糖就会降下来。

胰岛素也是一种合成激素，会促使脂肪合成，抑制脂肪燃烧。轻断食就是利用这个原理，让胰岛素浓度维持在稳定的低点，减少脂肪的合成，并且增加体内燃烧脂肪的机会。目前有些研究对于这个“胰岛素假说”仍有存疑，既然是“假说”就代表证据还不够完全，所以也可能会在某一天被推翻，不过这也是因为科学会不断进步，因此随时都要继续吸收新知。

我认为，想要利用间歇性断食达到瘦身效果，并不是单纯改变进食时间而已，进食的内容也是一大关键。如果在可以进食的8小时中暴饮暴食，摄取过量的碳水化合物或是油脂，仍会大大影响瘦身效果。断食其实只是一种辅助技巧，真正的关键还是在于饮食内容。

轻断食能促进身体健康？

根据2019年《新英格兰医学杂志》（*The New England Journal of Medicine*）的研究结果显示，间歇性断食（即轻断食）对于减重、抗氧化、控制血糖都有正面帮助。

人体利用的能量来源为葡萄糖以及脂肪酸，进食后葡萄糖在体内产生能量，脂肪则代谢成甘油三酯储存在脂肪组织中。在我们断食8～12小时后，体内的糖原消耗完毕，就会利用脂肪作为能量来源，而甘油三酯会代谢成脂肪酸以及甘油，脂肪酸在肝脏产生酮体，供人体利用。最主要的结果是体内酮体量升高，这也成为体内细胞重启的一种信号，能让体内产生抗氧化、抗发炎、清除或修复受损细胞等作用，这也是我们认为断食能够促进健康的原因。

如何开始执行轻断食？

执行任何饮食都需要循序渐进，不要过于激烈，轻断食也是如此。断食时间越长，难度就越高，且容易缺乏营养。所以，我会建议从168轻断食开始尝试。只要将早餐晚点吃、晚餐早点吃，就能够达成条件，比较容易执行。

如果觉得168轻断食执行起来也有难度，就再放宽，从1410（10小时内进食）或1212（12小时内进食）开始，再慢慢循序渐进。总之，不要给自己太大的压力，因为我们追求的是一种能够长期执行的饮食方式，如果这样的饮食法让你饿得很难受，或是没办法配合生活作息，那也不需要勉强执行，因为这代表这样的饮食方式并不适合你。

Sunny营养师的小教室

注意！这些人不适合进行断食

基本上健康的成年人才能进行轻断食，以下人群不宜贸然进行。

1. **发育中的青少年：**发育阶段的青少年摄取均衡营养与热量相当重要。
2. **哺乳期女性或孕妇：**身体此时需要充足的营养，不宜进行断食。
3. **饮食失调者：**暴食症或是厌食症患者不宜进行。
4. **慢性病患者：**高血压、糖尿病、心脏病等慢性病患者不宜进行轻断食。尤其是糖尿病患者要特别注意，如有低血糖会有即刻性生命危险，千万不能大意。执行断食前需要寻求专业人士的建议。

享受“轻断食”带来的好处

轻断食如果执行方向正确，就能达到瘦身、控制血糖的效果，我也在帮妈妈、阿嬷进行168轻断食后，从她们的身上看到了效果，本书后续会再与大家分享。

1. 可避免摄取过多热量

我们在日常生活中非常容易获取食物，一不小心就会不停进食。其实有时候并不是真的肚子饿了，只是嘴馋想要咀嚼，不小心就吃下一堆东西。通过断食，可以帮助我们分辨身体的信号，了解是否真的有热量需求，进一步控制进食。

把进食时间限制在8小时之内，一次能吃的东西有限，比较容易产生热量赤字，不会随时想吃就吃，造成热量过剩，影响瘦身效果。

2. 能改善血糖，但是无法逆转糖尿病

有些研究显示，轻断食可以逆转糖尿病前期的情况，并且改善Ⅱ型糖尿病患者的胰岛素敏感性，但是对于糖尿病则无法逆转。

我的阿嬷执行轻断食，并搭配对碳水化合物的控制，血糖值相对稳定。虽然不能恢复到跟一般健康的人一样，但都还在可控制的范围。如果你是糖尿病或慢性病患者，请务必先咨询专业医疗人员的建议。

避开误区，执行轻断食要注意的事

很多人执行轻断食，一下子就失败了，或是无法长久坚持、瘦不下来。很多时候，其实是因为方法错了，请避免以下三种常见失败情况。

1. 无法度过适应期

刚开始执行的时候，我们一定都会经历忽然改变进食习惯而产生的饥饿感，甚至产生易怒、焦躁、注意力无法集中等情形。但在一段时间后，这种情况就能获得改善。如果不适感过于严重，请先放宽断食时间限制，再循序渐进执行。

2. 报复性进食

执行轻断食的时候，有些人会跳过早餐不吃，忍受饥饿感，一直到午餐，可以进食的时间一到，就开始大吃大喝。然而，这样报复性进食反而会让你吃下比平常更多的热量。根据热量平衡原理，这样子不但瘦不下来，还可能会变得更胖。

3. 摄取过少热量与营养素

当限制进食时间后，若不注意营养摄取，只吃自己爱吃的，或是吃得太少，就容易造成营养缺乏。长期下来，还有可能造成身体代谢问题，影响内分泌、经期紊乱、失眠，甚至还会有肌肉流失等现象。因此，就算执行断食，仍必须注意均衡饮食，摄取六大类食物，包括全谷物杂粮类、豆鱼蛋肉类、蔬菜类、水果类、油脂与坚果种子类，还有乳品类。根据每日所需分量，平均分配在可以进食的时间内，均衡摄取。除了遵守进食的时间，吃的内容其实更为重要。

要记住，轻断食是断食，而非禁食，因此，在可以进食的时候，就好好吃东西吧！

轻断食vs.减糖饮食

现代人的饮食方式中，碳水化合物普遍摄取过量，尤其是经常在外面吃饭的人，通常都是以高碳水食物为主，过多的碳水化合物容易造成血糖波动，也会形成脂肪囤在体内。减糖饮食是以均衡饮食为基础，在此基础上将碳水化合物的比例降低，提高蛋白质与脂肪的比例，限制不如“生酮饮食”严格，在执行上也比较容易，成为近年来热门的瘦身饮食法。

想瘦身，该减糖还是该断食？

减糖饮食是一种相对易达成的饮食方式，只要稍微调整营养素的比例，就能达到维持体重的效果，也适合大部分人长期执行。

很多人误以为减糖饮食等同于完全不能吃淀粉，会害怕吃碳水化合物。其实，碳水化合物本身并没有罪，它对身体而言仍是很重要的营养素，只是现代人普遍食用过量。

减糖饮食说的是适量减少碳水化合物的摄取，造成的热量缺口就用其他的营养素补足，所以也并不是少吃食物，而是调整各营养素摄取的比例。这样比较不容易因摄取高碳水化合物而造成血糖波动大、饥饿感明显，对于控制血糖与体重有很大的帮助。

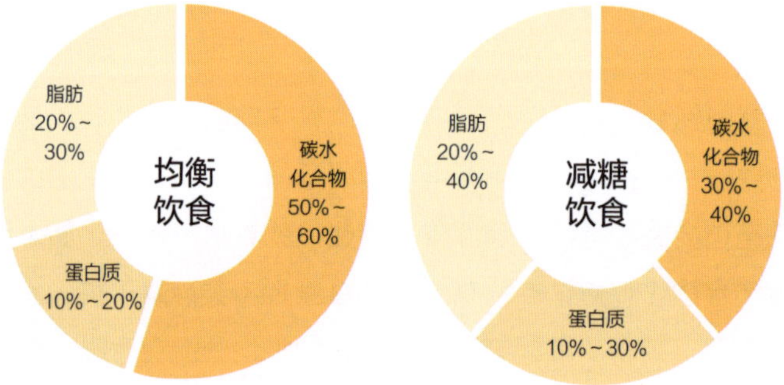

不管你想尝试减糖饮食还是轻断食，只要执行方向正确，都能达到瘦身效果。甚至，你可以根据自身情况与需求，结合两种饮食法，在168轻断食的进食期间，搭配上减糖饮食，进一步减少碳水化合物的摄取量。不过，不管以哪种方法，都必须以天然食物为主，并均衡摄取各类食物，才是健康瘦身的关键。

Sunny营养师的小教室

减糖饮食减的是什么糖？

减糖饮食说的是要避免精制糖的摄取，因为精制糖的分子结构小，消化吸收也比较快，容易造成血糖快速波动。只要吃了少量精制糖（像是手摇饮料使用的果糖），就会让碳水化合物的摄取量超标，因此应尽量避免。选择分子结构复杂的淀粉，像是红薯、南瓜等，可以延缓糖类在体内消化吸收的速度，进一步让血糖稳定，达到控制体重的目的。

“减糖饮食”如何执行才会瘦？

执行减糖饮食，不只是单纯减少碳水化合物就好，必须考虑营养均衡，并达到人体所需的总热量，掌握以下几个大原则，不管是减糖饮食或168轻断食，都很适用。

1. 避免精制糖

精制糖是最容易影响我们胰岛素分泌稳定的食物，所以想要有效瘦身，就必须尽可能避免摄取精制糖，像是含糖饮料、甜点以及加工食品等。

2. 淀粉减量吃

平常吃的主食，像是白米饭、面条、面包的食用量要减少20%~40%，原本吃一碗，就改成吃七分满。要特别注意的是，虽然原则是要减少分量，但不要完全不吃，因为碳水化合物是人体最容易利用的能量来源。另外，也尽量挑选全谷根茎类食物来当作主食，因为其中多了矿物质、B族维生素等，能帮助营养素代谢，也富含膳食纤维，可以增加饱足感。

3. 多吃好蛋白

补充优质蛋白质是非常重要的，豆类、蛋类、鱼类、肉类（如鸡腿肉、猪肉、牛肉）等都属于好的蛋白质来源，可以适量摄取，不必局限于低脂肉。如此一来，减糖也能吃得开心，不会因限制太多而感到痛苦。

4. 蔬菜要吃够

蔬菜是热量低且富含膳食纤维等营养素的食物，能增加饱足感，可以多选择糖分含量低的食材，如黄豆芽、上海青、西蓝花等。要注意的是，有些根茎类蔬菜的淀粉含量高，如南瓜、土豆、芋头等，必须视为主食，控制食用量。

◆ 糖分较低的蔬菜

蔬菜	碳水化合物	膳食纤维	净碳水化合物
黄豆芽	3.3g	3g	0.3g
上海青	1.6g	1.1g	0.5g
小白菜	1.7g	1.1g	0.6g
龙须菜	3.5g	2.3g	1.2g
西蓝花	4.4g	3.1g	1.3g
冬瓜	2.6g	1.1g	1.5g

*每100g中碳水/膳食纤维的分量

5. 水果一天两拳头

大多数的水果都富含碳水化合物，必须注意食用量，一天吃两个拳头大的体积为限，也可以选择一些糖分含量较低的水果，像小番茄、番石榴、百香果等，减少糖分摄取量。

◆ 糖分较低的水果

水果	碳水化合物	膳食纤维	净碳水化合物
小番茄	5.4g	1.4g	4g
番石榴	10g	5g	5g
百香果	10.7g	5.3g	5.4g
香瓜	7.5g	0.6g	6.9g
西瓜	8g	0.3g	7.7g
莲雾	9g	0.8g	8.2g

*每100g中碳水/膳食纤维的分量

6. 选择好油脂

选择好的油脂来源，能让减糖饮食顺利进行。减少碳水化合物时，仍要吃进足够的热量。坚果就是很好的油脂来源，富含多种营养成分。选择好的食用油，并且轮流使用不同种类，或是从适量坚果中补充，一天至少需要摄取约15g（约一汤匙）。

Sunny营养师的小教室

减糖饮食的优点

1. 容易执行

减糖饮食不像生酮饮食那样必须严格限制碳水化合物的量，只要减少平常的摄取量，就能够达到效果，是较容易达成的饮食方式。

2. 对于血糖稳定有帮助

对于血糖控制不佳的人，除了要尽量避免摄取精制糖，可多选择低升糖指数的食物，并控制碳水化合物的总量，才能稳定地控制血糖。

3. 减少身体的炎症

糖果、饼干、饮料或是加工食品，都富含精制糖，过多的精制糖在体内会产生糖基化终末产物，易导致炎症，只要减少摄取，就能够改善发炎情况。

减糖饮食的缺点

1. 对食物种类要有基本了解

减糖饮食要求对于各类食物要有一定程度的了解，像是学习区分哪些是碳水化合物高的蔬菜、水果，减少摄取量，如果搞错了，就容易执行错误。

2. 增肌效果有限

想要增肌，除了需要摄取足够的蛋白质以外，足量的碳水化合物也非常重要，因为碳水化合物会促使胰岛素分泌，而胰岛素则是合成肌肉很重要的激素，如果缺乏即会影响增肌效果。

轻断食vs.生酮饮食

生酮饮食也是这几年来广受讨论的饮食方式，执行正确即能达到快速的瘦身效果，吸引许多人跃跃欲试。生酮饮食源自于国外，最初被用来治疗癫痫病患者，改善他们脑部不正常的放电现象，而减肥只是其附加价值。

生酮饮食为什么可以燃脂瘦身?

一般正常饮食是以碳水化合物为主，经过体内消化代谢，生成葡萄糖而进入血液当中，经过胰岛素的协助，进入细胞中，为人体提供能量来源。生酮饮食则是以脂肪为主要能量来源，当体内缺少了碳水化合物的来源时，脂肪在体内会经由肝脏代谢生成“酮体”，提供人体能量来源，可以快速将“讨厌”的脂肪燃烧代谢掉，这也是“生酮饮食”命名的由来。

生酮饮食须控制摄取碳水化合物的量，其实因人而异。不过常见的标准大概控制在50g左右，甚至有些严格的生酮饮食，要求碳水化合物只占总热量摄取的5%。但光是蔬菜中的碳水化合物含量就可能会超过5%，所以如果要求主食、水果通通都不能吃，执行起来相当困难。

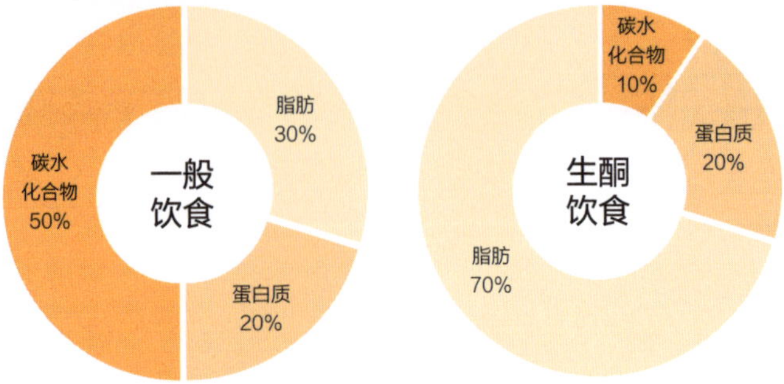

执行生酮饮食，不瘦反胖？

身为营养师的我，遇到不同的饮食方式时，除了想要了解理论，当然也想知道实际执行起来会有什么感觉、会遇到什么困难、是否容易执行等，所以我也曾经和安妈一起执行生酮饮食。

在执行前，我们做了基本的健康检查，包括血糖、血脂、体重等，并且买了生酮试纸、MCT油、草饲奶油。执行了一个月后，我的减脂效果不错，共减去2kg的体脂肪；但安妈不但没有变瘦，反而还胖了。这让我有些困惑，一问之下才知道，她在执行生酮饮食时，常常偷吃东西，而且还是高碳水食物！结果变成同时补充碳水和油脂食物，不仅无法进入生酮燃脂状态，还比平常吃了更多的油脂，当然会变胖！对喜爱美食与擅长料理的安妈来说，生酮饮食完全不适合她，因此后来我们才决定改用减糖饮食和168轻断食，终于顺利瘦下来。

如果你执行了某种饮食法没有效果，可以进一步思考，是真的正确执行了却没有进展，还是因为没有正确执行导致无效？各种饮食法没有绝对的好或坏，各有其优缺点，在执行前都需要先进行基本了解，评估是否可以长期执行。能够融入个人生活，不会感到痛苦和负担的饮食法，才是最好、最适合自己的方法。

Sunny营养师的小教室

生酮饮食的优点

1. 快速减重

生酮初期，肝脏与肌肉会释放糖原与水分，造成脱水现象，这也是刚开始体重会明显下降的原因。持续保持生酮状态，开始代谢脂肪，会让减脂越来越顺利。

2. 不容易感到饿

因为摄取大量油脂，会延缓胃的排空，所以饱足感较持久，连平常食量大的人，也不容易有饿肚子的感觉。

3. 改善胰岛素敏感度

有些研究显示，生酮饮食达成减重效果后，对于胰岛素的敏感度也有正向帮助，但目前还属于小型研究，还需要更多的研究证据。

4. 减脂期间减少肌肉消耗

健身人群只要训练足够，营养也充足，仍可以维持肌肉量，同时达到快速减脂的好处。

生酮饮食的缺点

1. 需要适应期

饮食方式改变较大，身体也需要多一点的时间适应。我在执行初期，因为完全没有吃碳水化合物，会出现头晕的现象，有些人称为酮症。

2. 不适合慢性病患者

因摄取大量油脂，而油脂来源又是从奶油、椰子油或其他动物性油脂而来，这些油脂的饱和脂肪酸含量较高，高血脂、心血管疾病的人需特别留意。I 型糖尿病的患者执行，会有酮酸中毒的现象，不宜进行。

3. 肠胃容易不适

因为需要摄取大量油脂，肠胃不好的人容易出现肠胃不适的现象。

4. 增肌效果不明显

最大的原因是蛋白质的摄取量无法提升到太高，因为蛋白质会促进胰岛素分泌，影响生酮的状态。因此生酮饮食的增肌效果不明显。

5. 外食不易执行

大多的外食食物皆以碳水化合物为主，符合生酮饮食的选择性较少。

“瘦得快”不如“瘦得久”

近年来，不管是生酮饮食、减糖饮食、轻断食还是低GI饮食，都是大家耳熟能详的饮食瘦身法；坊间也有各种不同类型的瘦身法，例如代餐、减肥药、单一食物，甚是药物辅助等。每每看到明星艺人瘦身成功之后，媒体或社交网络便会一窝蜂推崇某种瘦身法；若身边有好友减重成功，我们也会好奇自己是否也适合这种方法，能不能顺利瘦下来？

然而，很多人追求的往往不只是要“变瘦”，还要“快速变瘦”，希望马上进行、马上见效，却忽略了这样的瘦身方法是否能够长期维持。如果进行起来很痛苦，甚至要完全改变原本的生活模式，那么即使瘦了，也很容易复胖，掉入减肥的无限轮回。

两个月减掉8%体脂肪

很多人看到我现在的身形，以为我是天生的瘦子，其实我也曾经减肥过几次，最近的一次就是在考完营养师资格证之后。

在准备考试期间，安妈担心我太累、营养不够，三餐都准备了满满的食物，我也照单全收。加上随着大考之日接近，原有的运动习惯也都暂停，果然在考试之后发现体重和体脂都来到了人生高峰。

于是，我在考完试后开始进行瘦身计划，使用的方法是均衡减糖，减少碳水化合物的摄取量，吃足够的蛋白质以及适量的脂肪，再搭配一周约五天的重量训练和有氧运动。这样执行下来，两个月后，我顺利减掉了8%的体脂肪。

在这期间，我保持正常的社交生活，偶尔和朋友聚餐，也会吃一些甜点、炸鸡等，但大部分的饮食与运动都保持在正确的轨道上，再加上一点点坚持，就能达成目标。

变瘦不难，难的是维持

我协助安妈进行168轻断食法后，她大概每周瘦1kg，一个月就瘦下了4kg。但是，后来帮阿嬷瘦身时，她一个月只瘦下2kg。我们当时对于这样的成果有点挫败感，但是检视了饮食内容与方法，确认方向无误后，还是很有耐心地持续进行。后来发现，阿嬷虽然因为年纪大、代谢较差，导致瘦身速度比较慢，但是五个月后，也瘦了10kg。

阿嬷的例子也再度提醒我，瘦身不是百米冲刺，而是一场马拉松，能够坚持到最后才是真正的赢家。瘦身的路上，不要把焦点放在短时间瘦身上，而是找到一个可以长期维持的方法，持续进行，才能达到终身维持身材的目标。

安妈的168轻断食瘦身计划

我的妈妈今年60岁，网友都叫她安妈。其实她原本身材就已经算是标准，但一直希望能再瘦一点，这样穿衣服会更好看。为了达成她想要成为“美魔女”的心愿，我决定帮她制定饮食改造计划。

鉴于她之前执行生酮饮食失败的经验，在开始瘦身前，我先检视了我们家的生活与饮食习惯。因为安妈很会做菜，我们也几乎很少在外面吃饭，于是便以减糖饮食与168轻断食法来执行瘦身计划。

第一阶段：168轻断食+控制食物分量

因为电台工作的关系，我们家大概会在5：00～6：00起床，因此168轻断食的第一餐通常安排在早上10：00，最后一餐则是在晚上6：00以前吃完。下午2：00左右会安排一顿200kcal左右的小加餐，通过缩减进食的时间进行减重计划。

早上10：00与晚上6：00的这两餐，会利用餐盘打造均衡又营养的瘦身料理。通常会包含两道蛋白质料理、三道蔬菜料理，主食的部分则会控制分量。比方说，以前吃一碗饭，现在只吃半碗，或是加入魔芋米，减少糖分、增加饱足感；此外，还会加上一点点水果与坚果，就能实现营养均衡，又具有饱足感。

每周安排一天的自由日，让安妈可以吃自己喜爱的食物，像是和牛火锅、韩式料理等，但遵循的原则不变：尽量均衡饮食、摄取六大类食物、减少碳水化合物的摄取量。虽然自由日可以满足口腹之欲，却不等于放纵日，如果吃太多高热量食物或垃圾食物，很容易让减重速度“卡关”，也容易让之前的努力付诸流水。

以这样的方式执行四周后，安妈瘦了将近4kg，也感觉肚子明显瘦了一圈，而且过程中没有感到饥饿难耐或任何不适。通常进行168轻断食一个月后，身体会慢慢适应，这时需要再重新检视并调整饮食内容，进入瘦身的第二阶段。

Sunny营养师的小教室

168轻断食期可以吃甜点吗?

减重初期的前四周，尽量避免精制糖和加工食物。进行168轻断食时，如果两餐之间会肚子饿，可以选择吃热量在200kcal以内的小点心，安妈的下午茶通常是一杯坚果饮、绿拿铁，或是一小份土豆沙拉等。

乖乖执行四周后，通常就会看到瘦身成果，这时可适度放松一下，吃吃红豆饼、面包等高碳水点心，但还是只能偶尔为之，不能过于频繁。

第二阶段：168轻断食+减糖饮食

一开始在瘦身前，我们会先计算出身体一整天所消耗掉的热量，即TDEE（Total Daily Energy Expenditure），像安妈的TDEE是1500kcal，我们就需要控制她每天进食的热量，减掉200kcal。而在执行减重一段时间之后，体重改变了，TDEE也需要同步调整。

通常执行轻断食后，就会看到不错的瘦身成效，但是往往到了第五至八周的时候，就会有点“卡关”了，这也是大家在减脂期间容易遇到的问题，遇到停滞状态时该怎么办呢?

根据热量平衡原理，要减重就得减少热量摄取，或是增加热量消耗。因此面对停滞期时，基本上也是采取这两个方向的措施：一是吃得更少，另外就是要动得更多。

安妈在减重的第二阶段，除了维持168轻断食，还加入了减糖饮食，帮助她突破瓶颈：碳水化合物的量再减少25%，选择糖分较低的水果，如小番茄、西瓜、香瓜、番石榴等，取代原本糖分较高的食物。

减重瓶颈期，可以稍微调整食物的内容，但是建议微调就好，如果忽然减少太多热量，身体容易产生饥饿感，并且不容易维持。

Sunny营养师的小教室

如何鼓励长辈开始运动?

安妈没有运动的习惯，也不喜欢运动，顶多就是一周一次在家里摇摇呼啦圈。168轻断食虽然让她甩掉一些体重，但如果想要有好看的线条，还是得要靠运动提升肌肉量，达到增肌效果。

像安妈这种没有运动习惯的人，要她自己去陌生的健身房运动，真的不是一件容易的事情，最好的办法就是陪着她一起养成运动的习惯，提升自我效能（独立完成一件事情的能力）。等到她有办法自己去健身房，并且完成一个小时的训练，包含热身和多个部位的训练，有了成就感之后，意愿就会提高，也能够维持下去。

帮阿嬷用168轻断食减体重、控血糖

我的阿嬷——阿环小姐，今年已经88岁了。由于阿公过世得早，阿嬷独自抚养五个小孩长大，是一位坚强的传统女性。

小时候有一阵子，安妈在夜市摆摊，就将我送到台东的阿嬷家，请阿嬷照顾我。还记得当时安妈会载我到机场，我再自己独自搭飞机到台东。我很喜欢去阿嬷

家，因为阿嬷开了一间小杂货店，家里总有吃不完的零食，还可以玩无限次接关的快打旋风电玩。

记得那时，阿嬷每天会帮我梳油头、擦香水，把我全身打点整齐，才把我送去幼儿园上课。而我懂事以来，阿嬷一直都是胖胖的身材，印象中好像没看过她瘦的样子。

由于年纪的关系，阿嬷现在的行动力已大不如前，也有长年的慢性病问题。正如前面所提到的，我考营养师资格证的目的之一，就是想帮助家人维持健康，希望运用我的营养知识帮助家人。小时候阿嬷悉心照顾我，现在该换我好好照顾她了。

长期过油、过量饮食，吃出“三高”问题

阿嬷常说：“一粒米二十四滴汗。所有的东西都要珍惜，不能浪费。”这也体现在她的饮食习惯上，除了吃得太油、重咸之外，也因为节俭，舍不得将剩菜剩饭丢弃，通通自己吃下肚，三餐往往吃得过量，长期下来造成“三高”问题（高血脂、高血压、糖尿病），体重、体脂也过高。

阿嬷原本身高162cm，但是因为有严重驼背，变成150cm，而体重一直都在七八十千克。除了“三高”问题，她还曾经中风过三次，所以我们也一直希望能够调整阿嬷的饮食习惯，改善她的身体状况。不过，阿嬷远在台东，我很难在一旁指导她的三餐，直到有次她来台北就医，我把握难得的机会，帮她进行饮食控制计划，实行了三四周，她的体重从原本的82kg降到了78kg。但是习惯被好山好水包围的阿嬷，实在待不惯大城市，每天吵着要回台东，我们最后于心不忍，便让她回了家，第一次的减重计划也就宣告失败了。

大约一年后，阿嬷因为糖尿病问题，血糖控制不佳，导致脚上的伤口一直无法愈合，台东的医生建议阿嬷转往台北就医。这一次我真切感受到，帮阿嬷瘦身是一件刻不容缓的事。

高龄阿嬷也可以执行间歇性断食？

在阿嬷搬来台北与我们同住之前，我和安妈已经进行168轻断食一段时间了，加上阿嬷早睡早起的作息和我们差不多，所以就很自然地和我们在相同的时间一起用餐。

不过，糖尿病患者如果血糖突然降得太低，会有即刻性的生命危险，所以在帮阿嬷控制饮食时，采取缓慢的方式进行，避免一下子大幅度减少食物分量，并且早

晚测量血糖值，观察血糖是否稳定。在这期间，阿嬷也持续到医院检查，我们也和医生保持密切的联系。**一般糖尿病等慢性病患者，不建议自行贸然进行断食，务必寻求专业人员的建议与协助。**

阿嬷的瘦身饮食重点

在帮阿嬷瘦身前，已经有安妈的成功案例，所以执行起来更为明确，也更有信心。主要原则仍是以“吃得均衡、控制分量”为主，从总热量和营养素两大方向来调整阿嬷的饮食习惯。

阿嬷的用餐时间和我们相同，早上10：00吃第一餐，晚上6：00前吃最后一餐，下午2：00会有一次小加餐，在进食的8小时期间，阿嬷吃得营养又均衡。重点在于全面摄取六大类食物且控制好分量，碳水化合物总量不要过量，蛋白质与蔬菜需要充足，水果、坚果需要适量。说起来好像很简单，但执行起来还是需要花一点时间适应，毕竟，以前阿嬷自己会默默吃掉一整个木瓜，现在规定她只能吃两片，如果说以前是“豪饮”，那现在就只能是“小酌”了。

阿嬷的瘦身计划和安妈差不多，都是以168轻断食＋均衡饮食＋减糖饮食为原则。不过，阿嬷年纪大，又有血糖问题，更需要渐进式调整饮食分量，不能调整得太快、太激烈，也得更有耐心，不能心急。刚开始，阿嬷体重降得非常缓慢，我们一度也感到小挫折，还好阿嬷配合度很高，我们也耐心地坚持，第一个月虽然只减

阿嬷第一次在台北过母亲节。守护这两位伟大女性的身体健康，是我的责任。

下了2kg，但是到了第五个月，已经瘦下10kg。正确的饮食方式，可以融入日常，持续进行，把时间拉长一点来看，效果还是很棒的！

改变饮食后，不用再打针、吃药

阿嬷来台北就医检查后，大约住院三个星期，靠注射胰岛素和吃降血糖药控制血糖，但出院后身体变得虚弱，也有水肿问题。在我们帮她进行瘦身饮食三个月之后，当她再度回医院检查时，体重已经从原本的75kg降到70kg以下，她的糖化血红蛋白也降到6.4%，于是医生判断，她可以不用再打胰岛素，也可以不用再吃降血糖药了。

在停用降血糖药之后的下一次回诊中，医生发现阿嬷的血脂也下降了，于是降血脂药也可以减量，从每天一次变成两天一次，这些都是改变饮食后出现的正向反馈。这样的改变，不只我们很开心，不用再吃那么多药的阿嬷也很开心，并且更相信改变饮食的力量，从而持续执行。

就在我写书的现在，阿嬷的体重已经降到了63kg左右。对阿嬷来说，减肥不是为了变得更漂亮（当然穿衣服变好看她也很开心），而是为了改善她的健康。以前的她晚上睡觉总是会抽筋，现在抽筋的频率降低了、睡眠质量变好了、人也变得有精神了，这一环扣一环的变化，都是从她改变饮食那一刻开始的。

阿嬷的故事验证了，当饮食不正确的时候，只靠吃药是没有效的，而当饮食正确的时候，是可以不需要吃药的。**我们需要的是好的食物，不是好的药物。试着全家人一起身体力行享受健康饮食，效果会比用口头不断纠正长辈饮食习惯来得更好。**只要控制“吃下肚子的东西”跟“每天吃的分量”，88岁的阿环小姐不挨饿、不节食，也能瘦得健康，希望她的故事也能鼓励你或你家中的长辈。

瘦下来的阿环小姐，脸上的笑容也变多了。

Sunny营养师的小教室

如何让长辈愿意改变长年的饮食习惯?

我将安妈和阿环小姐的瘦身故事分享到网上后，得到很多网友的热烈反响。大家都想知道，如何说服家中长辈，让他们愿意改变饮食习惯?

我以前也觉得阿环小姐很固执、很难改变，加上她年纪大了，是否应该让她随心所欲地吃自己想吃的东西呢? 但是每当我带着她跑医院时，就又想着，为什么要让这些可以预防的事情发生呢? 如果能从日常生活中做些改变，让她减少身体的苦痛，是否更值得追求呢?

后来，阿嬷会愿意配合改变，最主要的原因是，她自己也确实感受到瘦下来之后，生活质量有了正向的反馈，她不用再每天吃那么多的药，不会半夜突然抽筋痛醒。她感受到身体与精神状态都变得更好，当她体会到这些好处后，更愿意持续下去。

我也希望通过这样的分享，让更多人知道，原来饮食对我们的身体健康来说是这么重要，不要等到失去的时候，才懂得珍惜。

PART 2

168轻断食 瘦身餐盘攻略

本章将告诉大家均衡摄入六大类食物的重要性，
再利用这六大类食物打造出均衡营养的
168轻断食瘦身餐盘，
学会掌握食物种类与分量，
每天吃得饱，
健康瘦下来！

人体所需营养素

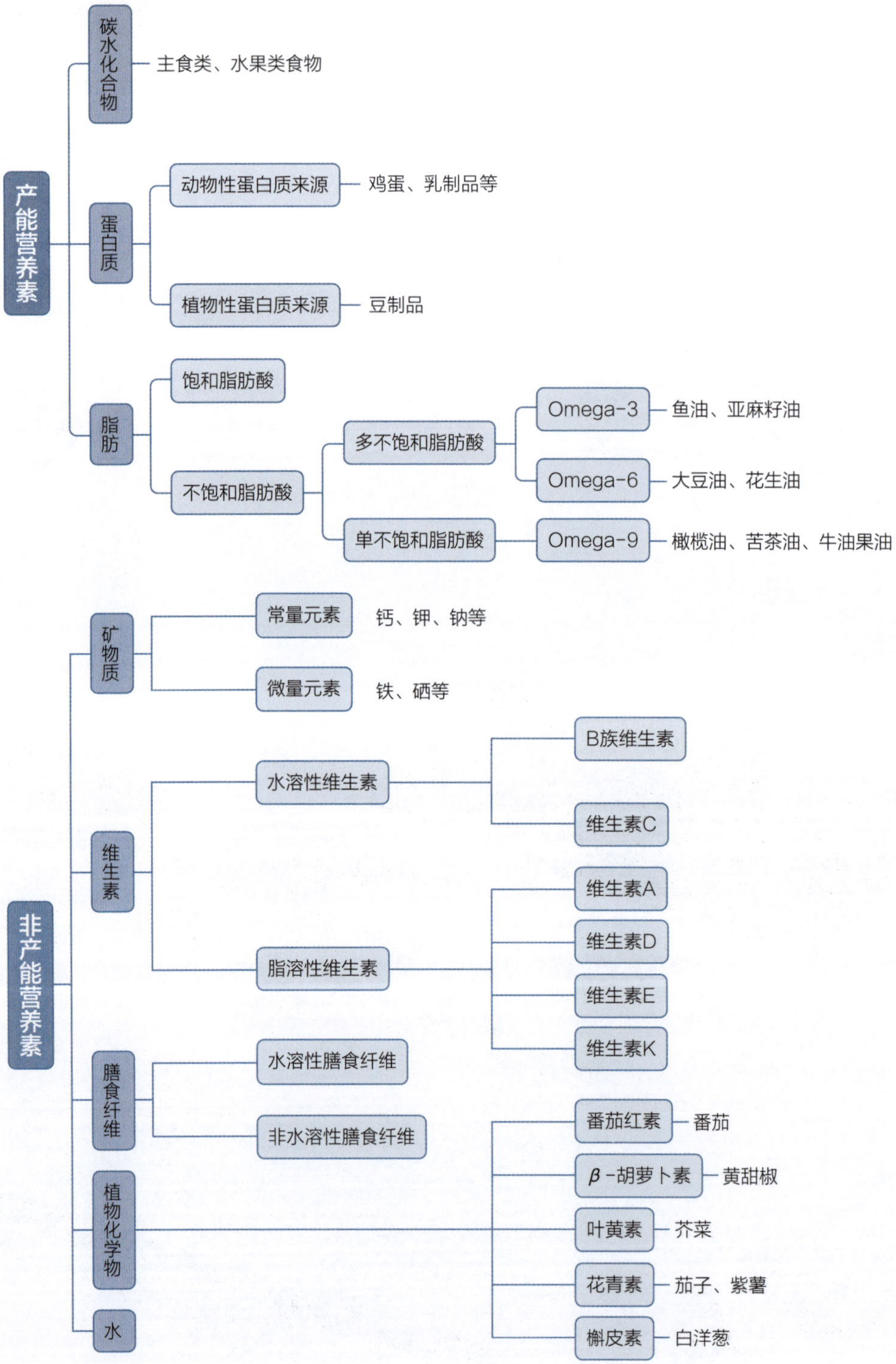
产能营养素
碳水化合物
主食类、水果类食物
蛋白质
动物性蛋白质来源
鸡蛋、乳制品等
植物性蛋白质来源
豆制品
脂肪
饱和脂肪酸
不饱和脂肪酸
多不饱和脂肪酸
Omega-3
鱼油、亚麻籽油
Omega-6
大豆油、花生油
单不饱和脂肪酸
Omega-9
橄榄油、苦茶油、牛油果油
非产能营养素
矿物质
常量元素
钙、钾、钠等
微量元素
铁、硒等
维生素
水溶性维生素
B族维生素
维生素C
脂溶性维生素
维生素A
维生素D
维生素E
维生素K
膳食纤维
水溶性膳食纤维
非水溶性膳食纤维
植物化学物
番茄红素
番茄
β-胡萝卜素
黄甜椒
叶黄素
芥菜
花青素
茄子、紫薯
槲皮素
白洋葱
水

瘦身前一定要了解的三大营养素

我们常说，改变观念就会改变行为，所以瘦身之前要先改变的就是我们的脑袋，才能用科学的方式健康瘦身。

本篇要带大家了解最基础的营养学，学会了，才能聪明吃！

碳水化合物（糖类）、蛋白质、脂肪，这三类能提供身体能量的营养素，叫产能营养素。

碳水化合物（1g含4kcal热量）

碳水化合物也就是所谓的糖类，最常出现在主食类、水果类的食物当中，利用食物中的糖转化成葡萄糖，供给人体利用。因其在体内的生化代谢路径最快速，转换成能量的阻力最小，成为人体最主要的能量来源。

现代人的日常饮食，糖普遍摄取过量，而过量的糖在体内则会代谢生成脂肪，甚至造成脂肪肝。虽然糖类摄取过量会造成脂肪堆积，但是我们也不能没有它，所以重点是要学会控制摄入分量。

糖类食物最常见的有全谷物杂粮类、蔬菜及水果类，其中全谷物杂粮类的食材所含的糖分最高，水果次之，蔬菜含糖分最少。蔬菜还富含难消化的膳食纤维，所以日常饮食中，最需要控制就是全谷物杂粮类以及水果类的分量。

白糖、砂糖、果糖等精制糖在体内被快速吸收，容易影响血糖波动。过量摄取精制糖也会在体内产生糖基化终末产物（Advanced Glycation End products; AGEs）而造成身体发炎，所以我们应尽量有意识地减少摄取这类精制糖，特别是添加高果糖、玉米糖浆的饮料，过量摄取容易造成肝脏代谢负荷，引发各种代谢性疾病，如肥胖、高血脂、高血压、糖尿病等。

蛋白质（1g含4kcal热量）

蛋白质可帮助肌肉合成，维持免疫功能，是建构与修复人体内组织最重要的营养素。

蛋白质经过人体消化吸收，会转变成氨基酸。有些氨基酸人体能够自行合成，称为“非必需氨基酸”，有些则需要从食物补充，称为“必需氨基酸”。想要从食物补充蛋白质时，除了蛋白质含量外，还要考虑品质，高品质蛋白质食物里的必需氨基酸含量高，消化吸收率以及利用率也比较高。鸡蛋和乳制品都是优质的蛋白质来源。优质的植物性蛋白质来源当属豆制品，虽然含量低于动物性蛋白质来源，但是较不易摄取过多脂肪。

蛋白质缺乏并不会让你感到饥饿，但是长期下来对生理机能可能会有所影响，特别对于长者来说，容易产生肌少症问题，影响生活机能，而素食者也容易因缺乏蛋白质而造成贫血等问题。

蛋白质在体内代谢会生成含氮废物，需要经由肾脏代谢排出，对于肾功能较差或是不佳的人，更要注意蛋白质的摄取量。

脂肪（1g含9kcal热量）

脂肪是构成体内各种激素的重要原料，与调节生理机能息息相关，甚至连变瘦的激素也是经由脂肪组织分泌的，可降低我们的食欲。脂肪还有保护内脏、骨骼，帮助脂溶性维生素吸收等功能，还能够提供能量，功能非常多。虽然脂肪是三大营养素中热量最高的，但适度保有脂肪是非常重要的。

问题在于，我们通常都保存得太多了。过多的腹部脂肪会分泌让身体发炎的激素，导致各种代谢性疾病，如糖尿病、高血压、高血脂等，因此，适度摄取脂肪才是维持健康的关键。

脂肪依照分子结构可分为饱和脂肪酸及不饱和脂肪酸，饱和脂肪酸结构比较稳定，一般常见的有动物性油脂，如猪油、牛油，或是植物性来源的椰子油。

不饱和脂肪酸又可分为单不饱和脂肪酸和多不饱和脂肪酸，常见的就是大多数的植物油。根据其带有双键的位置，还能区分为不同的脂肪酸，常见的有Omega-3、Omega-6、Omega-9。Omega-3含量丰富的有鱼油、亚麻籽油等；Omega-6含量丰富的有大豆油、花生油等；Omega-9含量丰富的有橄榄油、苦茶油、牛油果油等。

饱和脂肪酸结构稳定，耐高温，而且吃起来又香，但是过量摄取，容易让体内的低密度胆固醇升高，影响健康。而不饱和脂肪酸，比较不会引起这样的问题，但是结构较不稳定，也不适合长时间高温烹调。其中，单不饱和脂肪酸，如初榨橄榄油，稳定度仅次于饱和脂肪酸，虽然烟点不高，但是加热过程当中比较不会产生极性物质。其实各种油脂都有优缺点，建议轮流食用，不要只吃某一种类，这样就能摄取各种油脂的营养成分。

要注意的是，反式脂肪酸常出现于人造奶油、糕饼、油炸类食物当中，应避免食用。植物油中的不饱和脂肪酸结构较不稳定，经过氢化反应可以变得稳定，但是没有氢化完全，就会产生反式脂肪酸，影响心血管健康。

非产能营养素也不可少

除了碳水化合物（糖类）、蛋白质、脂肪这三大产能营养素外，还有五种不会产生能量的营养素，包括矿物质、维生素、膳食纤维、植物化学物和水。

这些营养素虽然不会产生能量，但是在我们体内参与了重要的代谢反应。所以，除了产能营养素，我们也要补充这些非产能营养素，才能维持良好的代谢反应，对于健康瘦才有好的帮助。

矿物质

矿物质分为微量元素和常量元素，依照体内需要量的多少来区分，但就算是需要量很少，也都是非常重要的。

矿物质与体内的生化代谢路径有关系，还能够保持人体生理功能正常。比如，体内血压就是通过钠、钾来做调节；肌肉收缩、心脏跳动的调控需要钙的帮助；硒能够协助抗氧化的顺利进行；血液运送氧气需要铁的帮忙。这些矿物质虽然不会产生热量，但是非常重要。

矿物质必须从食物中取得，人体无法自行制造，唯有均衡饮食才能补充这些矿物质。这也是为什么均衡饮食十分重要，如果只补充某些类型的食物，就容易造成营养素缺乏症，影响生理机能。

维生素

维生素包含水溶性维生素及脂溶性维生素，水溶性维生素有B族维生素、维生素C；脂溶性维生素有维生素A、维生素D、维生素E、维生素K。两者最大的差别在于吸收方式的不同，水溶性维生素较容易被人体吸收，过多则会通过尿液排出；脂溶性维生素需要借助脂肪的帮助才能被人体吸收利用。

有些维生素的需要量非常低，但是非常重要，能够帮助视觉正常、钙质吸收、抗氧化、凝血功能、神经系统健康，以及协助三大营养素的代谢。因此，就算维生素不会产生能量，也需要好好补充。

膳食纤维

膳食纤维算是多糖的一种，并非完全不提供热量，而是提供的热量比较低。

1g膳食纤维可产生2kcal热量。因为提供热量不是膳食纤维的主要功能，所以通常会忽略计算它所提供的热量。

膳食纤维分为两种，包括水溶性膳食纤维以及非水溶性膳食纤维，功能也有所区别。

种类	水溶性膳食纤维	非水溶性膳食纤维
效用	降低血胆固醇	增加粪便体积
	稳定血糖数值	增加肠道蠕动
	能增加饱足感	减少毒素留在肠道的时间

膳食纤维虽然不是维持生理机能的必需营养素，但如果缺乏也会对健康造成很大的影响，所以必须摄取足够的量。摄取来源除了大家都知道的蔬菜、水果外，豆类、谷类当中的膳食纤维含量也颇为丰富，所以建议以糙米饭取代白米饭，就能多摄取到膳食纤维中的营养成分。

每天建议摄取25～35g的膳食纤维。以蔬菜来说，每一份（100g）当中，膳食纤维含量有2g以上就算是表现不错的食材，多吃也不易热量超标，168轻断食期间如果感到肚子饿，可多吃蔬菜增加饱足感。

富含膳食纤维的食物

每日建议摄取25～35g膳食纤维

植物化学物

植物化学物（phytochemicals），也称为植化素，同样也是不会产生热量，却对人体健康很重要的物质。

植物化学物是植物生长必要的成分，也是植物产生颜色以及各种气味的原因，能够帮助植物增加自我保护的能力，抵抗各种感染、污染的伤害。

近年来，有许多研究证实，补充适量植物化学物对于人体各种功能非常有帮助，比如对抗自由基、增强免疫功能、增加酶的活性等，同时对代谢性疾病有很好的改善效果。但是，人体无法自行制造植物化学物，需要从蔬果中摄取，而不同颜色的蔬果含有的植物化学物也不同，唯有多方面摄取，才能获得多元补充。均衡饮食能让减脂期的代谢更顺利，瘦身瘦得更健康。

蔬果颜色	红色	黄色	绿色	紫色	白色
常见蔬果	番茄、西瓜、葡萄柚	黄甜椒、玉米、南瓜、橘子、橙子	菜花、上海青、猕猴桃	茄子、紫甘蓝、葡萄、蓝莓	大蒜、洋葱、梨、香蕉
植物化学物	番茄红素	类胡萝卜素、叶黄素、玉米黄素	吲哚	花青素、类黄酮	大蒜素、槲皮素、含硫化合物

水

水也算是一种营养素吗？水没有任何营养成分，最多含有极少量的矿物质，也不会产生热量。但人体若缺乏水分，不仅营养素无法发挥效用，身体内的废物也无法排出体外。除此之外，水对于体内电解质平衡、体温调节还有营养素的代谢水解也都相当必要，所以请大家务必重视。人体获得水分来源主要有三种路径：直接喝水、食物中的水分、体内代谢生成的水；人体排出水分的路径有四种：皮肤、呼吸、尿液还有粪便，排出与摄入需要达到平衡。

每个人每天需要的水量不太相同，精准的计量方式需要通过排出量来判断，不过我们也可以利用体重来简单计算，体重（kg）×30ml是一天最基本的喝水量，如果有减重需求时，建议可以增加到体重（kg）×40ml的纯水量。肾脏功能不全或有其他特殊疾病者，请与专业人士讨论。

四步算出你一天需要吃多少

碳水化合物（糖类）、蛋白质、脂肪，这三大产能营养素在体内经过生化反应后，提供给我们能量，维持生理机能，同时也是我们在计算热量当中的关键营养素。

接下来一步步带大家计算，自己每天需要吃进多少热量，以及对应的食物分量。

Step 1 计算基础代谢率（BMR）

基础代谢率（Basal Metabolic Rate，BMR），表示一个人维持生理机能所需要消耗的热量（kcal），可利用以下公式算出：

【男性】

66＋［13.7×体重(kg)＋5.0×身高(cm)－6.8×年龄］

【女性】

655＋［9.6×体重(kg)＋1.8×身高(cm)－4.7×年龄］

Step 2 计算每天总消耗热量（TDEE）

基础代谢率并不代表整天消耗的热量，因为每个人的活动强度不同，消耗的热量也不同。另外，摄取营养素之后，代谢也会消耗能量，所以每天总消耗的热量（TDEE）应包含：基础代谢率（BMR）＋食物引起的热效应（Diet-Induced Thermogenesis，DIT）＋身体活动量（Physical Activity，PA）。

可以用以下公式，计算每天总消耗热量（TDEE）：

每天总消耗的热量（TDEE）＝基础代谢率（BMR）×身体活动等级（Physical Activity Level，PAL）

◆ 身体活动等级系数参考

活动量	TDEE计算
低：几乎没有运动	BMR×1.1～1.4
稍低：每周低强度运动1～3天	BMR×1.4～1.6
适度：每周中强度运动3～5天	BMR×1.6～1.8
高：每周高强度运动6～7天	BMR×1.8～2.0

不过，此运动系数与实际情况容易产生误差。例如，你每周去三次健身房，但大多时间都在拍照、刷手机，运动强度根本不足达标，如果按照BMR×1.5计算，数值就会被高估。所以此系数所计算出来的TDEE只是参考值，评估出来的总热量还需视个体的差异化，随时观察自身变化，并且以周为单位随时调整，才能达到最佳效果。

Step 3 计算三大营养素分配

接下来，我们即可推算一天要如何分配营养素的分配量。均衡饮食与减糖饮食的营养素比例分配为：

饮食法	碳水化合物	蛋白质	脂肪
均衡饮食	总热量的50%～60%	总热量的10%～20%	总热量的20%～30%
减糖饮食	总热量的30%～40%	总热量的10%～30%	总热量的20%～40%

如果一天的TDEE算出来为1500kcal，在均衡饮食下的每日三大营养素的热量摄取为：

碳水化合物：50%×1500kcal=750kcal

蛋白质：20%×1500kcal=300kcal

脂肪：30%×1500kcal=450kcal

Step 4 计算三大营养素的分量

用上一步的结果再分别除以三大营养素可以产生的热量，就可以知道你一天需要摄取的营养素分量。

碳水化合物：750kcal/4（1g产生4kcal的热量）=187.5g

蛋白质：300kcal/4（1g产生4kcal的热量）=75g

脂肪：450kcal/9（1g产生9kcal的热量）=50g

看到这里，相信大家应该都已经了解如何分配热量与营养素了。接下来，将更进一步告诉大家如何通过六大类食物，将这些营养素平均分在每餐料理中，均衡摄取各种营养素。

怎样吃才会健康瘦？

很多人常会问我各式各样关于“吃”的问题，比如，减重时可以吃米饭吗？断食时可以吃水果吗？睡觉前喝一杯牛奶会不会变胖？有糖尿病的人可以吃木瓜吗？食物种类非常多，可能永远回答不完。因此，通常我都会请他们先想一想关于“分量”的问题。

每日饮食指南

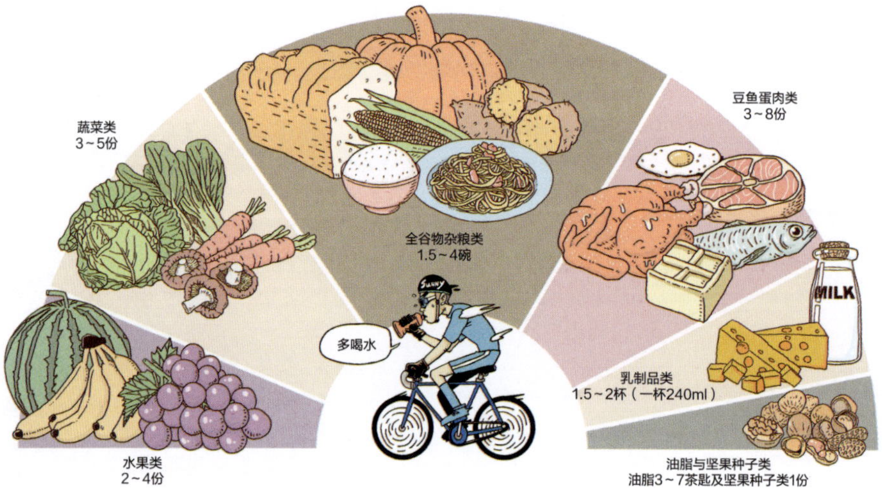

控制六大类食物分量，是瘦身关键

如果你一天所需的热量是1200kcal，白天已经摄取足够的热量，那么睡前喝一杯热量200kcal的牛奶，你觉得会变胖吗？如果你今天只吃了热量1000kcal的食物，再喝热量200kcal的牛奶，情况与前者是否相同呢？我想答案呼之欲出了。在减重期间，除了选择食物种类以外，控制食物的分量更是关键。

很多人也许曾经试过单一食物减肥法，三餐只吃苹果或是沙拉餐、水煮餐，但往往无法长久维持，终将走向失败。其实减肥也可以天天享用色香味俱全的料理，融入生活中的饮食法，才能健康长久。

我们所执行的168轻断食法，在进食的8小时内，会以均衡饮食为主。接下来就带大家认识均衡膳食的六大类食物，以及需摄取多少的分量才能达到瘦身的效果。

全谷物杂粮类

米饭是亚洲人的主食，也是许多人每天一定要吃的食物。以前的农业社会中，大部分的人都是靠体力劳动维生，需要耗费大量体力，吃米饭不但能带来饱足感，也可以快速恢复身体能量，且米饭的代谢速度优于蛋白质以及脂肪。

不过，现在许多人长期久坐、运动量少，加上精致淀粉无所不在，导致碳水化合物摄取过量，长期下来产生了各种代谢性疾病。但是，淀粉并不是“坏”的，大家不用因此害怕而完全不敢吃。即使你目前超过了理想体重，仍可以适量摄取淀粉，才能有饱足感应对饥饿。

全谷物杂粮类食物有哪些？

富含淀粉的食物包括各式谷类，如饭、面等，也有一些杂粮类的食物，包含根茎类、富含淀粉的豆类以及果实，如红薯、南瓜、土豆、红豆、绿豆、花豆、莲子、菱角等，这些都是杂粮类的食物。

168轻断食的执行技巧

安妈以前很不喜欢吃糙米饭，她觉得白米才好吃，后来经过我不断灌输饮食观念，她才开始尝试以白米混合糙米的方式食用。我通过一些技巧，渐进式地改变了安妈原本的饮食习惯，相信你也可以试试看。

循序渐进减少淀粉量

原本吃一碗饭，改成八分满，再慢慢调整成半碗饭，让身体逐渐适应。不用担心只吃半碗饭会饿肚子，因为在一餐中还会搭配其他优良肉类、蔬菜、水果、坚果等，绝对吃得饱！

以糙米取代部分白米

利用糙米、五谷米、魔芋米取代部分白米饭。糙米、五谷米为未精制的全谷物杂粮食物，低GI且富含矿物质、维生素；魔芋米热量低，富含膳食纤维，与白米饭混搭可以带来饱足感，又能减少热量摄取。

选择好的碳水化合物

红薯和糙米饭都是优质的碳水化合物，它们虽然与白饭热量相差不大，但可以让饱足感比较持久，有助于减重瘦身。

168轻断食时，分量该吃多少？

全谷物杂粮类最简单的计算方式就是用“碗”，营养学上所说的一份主食为1/4碗饭（等于20g生米），热量70kcal、碳水化合物15g、蛋白质2g。而一碗饭就相当于4份主食，每人每天建议的分量不同，依照热量需求规划成1.5～4碗饭，但并不是只有米饭才算是全谷物杂粮类，红薯、燕麦、玉米等富含碳水化合物的食物都算是全谷物杂粮类，也都必须算入。

以安妈和阿环小姐为例，她们的TDEE估算出来约为1500kcal，进行减重时，我会依照均衡饮食的方式，减少碳水化合物的摄取量，在早上10：00和晚上6：00的这两个主餐时段摄取各两份主食类（例如：半碗饭＋一小条红薯），下午2：00的小餐点，约1份200kcal的南瓜坚果饮，所以整天的全谷物杂粮类食物，会摄取5~6份，如果换算成饭，则是1.5碗的分量，并搭配其他蛋白质、蔬菜、水果、坚果，达到均衡饮食。

豆鱼蛋肉类

在减重期间摄取足够的蛋白质是非常必要的，能够增加饱足感。但是蛋白质的误区很多，必须小心避免加工食品、高脂肪肉品、内脏类等。

蛋白质食物有哪些?

包括豆制品、蛋类、海鲜以及各种肉类。以前的人很害怕蛋吃太多会导致胆固醇过高，但是近年的研究显示，两者相关性很低，所以健康的人一天1~2个鸡蛋是没有问题的，而且蛋黄也要吃，因为其中富含叶黄素、卵磷脂等营养。

168轻断食的执行技巧

安妈原本是个无肉不欢的人，我们家每天的餐桌上一定都会有卤牛肉、梅花猪肉等，这些美味的高脂肪料理，也带来了超标的热量。在减脂初期，请她以鸡肉、墨鱼、鱼等食材为主，并降低食用高脂肉类的频率，体重就有了明显的下降。

植物性蛋白优先摄取

蛋白质摄取的建议食物优先顺序为豆→鱼→蛋→肉。豆类属于植物性蛋白来源，对于肾脏的负担相对较小；鱼类富含Omega-3脂肪酸，是相当好的油脂来源，而且脂肪组成也比肉类好一些；而蛋类具有完全蛋白，易料理又购买方便；畜肉类排在最后，是希望可以减少饱和脂肪酸的摄取。

肉类选择低脂部位

肉品各部位的蛋白质含量大同小异，但脂肪含量差异较大，这也是为什么减重、减脂时会建议吃鸡胸肉，因为鸡胸肉和鸡腿肉的蛋白质含量虽然差不多，但脂肪含量相差非常多。所以减重初期建议要以低脂肉类为主，比如属于白肉的鸡肉、鱼、虾等海产品，减少食用脂肪含量较高的红肉频率，或是选择脂肪含量较低的部位。

168轻断食时，分量该吃多少?

根据2022版的《中国居民膳食指南》，成年男性（18~65岁）每日蛋白质推荐摄取量为65g，成年女性蛋白质推荐摄取量为每日55g，65岁以上老年男性每日蛋白质推荐摄取量为72g，65岁以上老年女性蛋白质推荐摄取量为每日62g。只要是肾功能正常者，都建议要补充足够的蛋白质。

但要注意的是，55g的蛋白质不等于55g的肉，因为肉里面的蛋白质含量只占20%左右。而运动健身人群对蛋白质的需求会更高，甚至要按照1.6～2.2g/kg（体重）计算，但肾功能不全的人，则要控制在0.6～0.8g/kg（体重）。

豆鱼蛋肉类比较简单的计算方式，大约是一餐吃一个手掌（不含手指头部分）的体积大小，这样为2～3份的蛋白质。营养学所说的一份蛋白质就是一颗蛋，或是约50g肉（约含蛋白质7g），每人每天建议的分量不同。

以安妈为例，在早上10：00和晚上6：00的两大餐，一餐会吃一个手掌心大的蛋白质食物，下午的加餐则吃半个手掌大的蛋白质食物。因为在全谷物杂粮类和坚果类食物中也含有少量蛋白质，所以这样就足够了。

蔬菜类

有些人认为通过其他食物就能够补足热量需求，而忽略了摄取蔬菜类食物，其实蔬菜类富含了膳食纤维，可以带来饱足感，而且，其中的维生素和矿物质对于代谢很有帮助。请记住，少了蔬菜，会让你的瘦身之路变得困难。

蔬菜类食物有哪些？

并不是只有深绿色的叶菜类才是算蔬菜，如菌菇类以及一些豆类食物也都可以算是蔬菜，主要是根据营养成分来区分。根茎类的蔬菜，如南瓜、牛蒡、土豆等，因为淀粉含量高而归在主食类，而玉米笋则是蔬菜类。

168轻断食的执行技巧

蔬菜的选择以当季新鲜为主，不同的蔬菜轮换吃，可以摄取更多样化的营养。

至少要有一种深绿色蔬菜

大多数的深绿色蔬菜钙质含量比较高，建议占蔬菜总摄取量的1/3～1/2。

搭配不同颜色的蔬菜

不同颜色的蔬菜包含了不同的植物化学物，红色的番茄有番茄红素、黄色的甜椒有β-胡萝卜素、绿色芥菜有叶黄素、紫色茄子有花青素、白色洋葱有槲皮素等，这些都能提供身体所需的抗氧化物质。

168轻断食时，分量该吃多少？

营养学所说的一份蔬菜，是以生重（未煮熟）100g来计算的（热量25kcal、碳水化合物5g、蛋白质1g），依照男性、女性、儿童（12岁以内）的需求，规划出男性5份、女性4份、儿童3份的分量。

蔬菜类最简单的计算方式，就是用拳头大小的体积来做判断。每餐建议吃

2～3个拳头大小，这是蔬菜煮熟之后的体积，一天如能够吃到5个拳头的体积，即能带来饱足感。

水果类

现在水果新品种越来越香甜，代表果糖含量越来越高，要留意适量。以前安妈觉得水果含有丰富的膳食纤维及维生素C，以为是多吃无害的健康食物，甚至夏天太热时，还会把水果当饭吃，结果也成了让她瘦不下来的原因之一。

维生素C是水溶性的维生素，遇热容易受到破坏，而水果因不用烹调即可食用，让我们可以好好地从中摄取维生素C。

水果类的食物有哪些?

水果种类大家都很熟悉了，便不多着墨介绍，要特别提醒的是，切勿以果干、果汁来取代水果。果干经过干燥后，其营养价值也变少了，有些为了增加风味还会再额外添加糖，让糖分摄取过量。而果汁的升糖指数比水果高，也会让某些营养素流失，建议不要过度依赖，最好还是直接吃水果。

168轻断食的执行技巧

餐前餐后皆可吃

什么时候吃不是重点，一天吃了多少量才是关键。饭前或饭后吃各有好处，饭前吃可以增加饱足感，饭后吃可以帮助消化，如果胃不好，则不建议饭前吃水果。

食用分量是重点

瘦身时期，任何种类的水果都可以吃，重点是吃了多少量，吃过量就会让热量超标。

168轻断食时，分量该吃多少?

比较简单的方式就是用拳头来计算，一份约为一个拳头大小的体积。营养学所指的一份水果就是可食部分100g（热量60kcal、碳水化合物15g），每人每天要摄取的分量约为2份，如果你已经减少全谷物杂粮类的分量，随餐吃一份水果，可以增加饱足感，不让饥饿感太快产生。

油脂与坚果种子类

油脂类食物是我们身体合成激素的原料，对人体的生理功能来说非常重要，因此，千万不要害怕吃油。

很多人害怕摄取过多油脂而只吃水煮食物，其实这是本末倒置，更应该要学习的是控制油脂的用量。以前安妈煮菜时，加入的油量都很随性，后来我教她利用汤匙来控制，如果以前炒菜加三汤匙的油，现在就改成一汤匙，稍微留意一点，就能够减少过多的热量摄取。

坚果种子也是非常重要的营养食物，包含了维生素E、蛋白质、矿物质以及膳食纤维等多种营养素。但要注意的是，它算是油脂类的食物，所以热量很高，要特别注意食用分量。

168轻断食时，分量该吃多少？

一茶匙的油为5ml，一汤匙的油为15ml，如果以1200kcal热量需求的人来看，会规划三茶匙的油为摄取总量，因为1ml的油脂就有将近9kcal的热量，这也是为什么油量要斤斤计较的原因。

另外，坚果种子类的食材也建议一天吃一份，取代油脂来源，而一份坚果种子类在营养学上含5g油脂，但是不等于5g坚果种子，比较简单的计算方式是用拇指的指节当作一餐的量，一天吃两三个拇指指节大小的量就够了。

乳制品类

乳制品主要可以让我们补充钙质，并且能提供碳水化合物、蛋白质、脂肪、矿物质和维生素，是营养价值相当高的食物。

乳制品是可快速补充钙质的食物，不吃乳制品的人则需要从其他食物来补充，比如深绿色蔬菜、黑芝麻、豆类、小鱼干等，才不会因缺钙而影响健康。

选择上，低脂乳会比全脂乳好吗？近年的研究显示，全脂乳与低脂乳对健康的影响并无明显差异，而且全脂乳还能够补充脂溶性的维生素A、维生素D、维生素E、维生素K。

168轻断食时，分量该吃多少？

每天以一杯（240ml）为单位，建议至少可以喝一杯至一杯半的分量，可以规划在进食的8小时的中间，制作成坚果饮或是绿拿铁，作为加餐，补充足够的营养并增加饱足感。如果有乳糖不耐症，可选择低乳糖的牛奶，或是改用奶酪、酸奶来补充。

利用餐盘，快速掌握分量比例

前文从营养学的角度告诉大家，可以用手掌、拳头大小来计算营养素的分量，不过依照我的经验，很多人还是会记不住，所以接下来要教大家一个更简易的方式，就是利用家中的圆盘进行饮食分量控制。

梯形排列法，打造瘦身餐盘

我们可以将家中的圆盘（直径约25cm）分成三份，快速口诀为“菜、肉、饭”，菜为各种蔬菜类，肉代表蛋白质，饭代表各式全谷物杂粮类食物。

而菜、肉、饭的分量比例要如何掌握呢？主要以梯形来盛盘排列，分量最少的是饭，肉类次之，分量最多的是菜。这就是我们家的饮食方法，在早上10：00与晚上6：00的主餐时间，都会吃这样满满的一盘，营养均衡且具饱足感。

菜（蔬菜类）最多

蔬菜类的分量占餐盘的最大面积。我们家因为人比较多，每餐会准备至少三道蔬菜，至少包含一道深色叶菜类，搭配两道其他颜色的蔬菜。如果想要快速料理，也可以将3～5种蔬菜一起拌炒，更为省时。

从营养学来看，每人每餐要摄取2～3份蔬菜（两三个拳头大小的体积）。1份蔬菜的量为生重100g，但是不同种类的蔬菜缩水率差别很大，所以煮熟后的体积也会有所差别，比如菜花缩水率比较低，但叶类蔬菜加热后易缩水，原本两碗的体积，煮熟后可能只有半碗而已。不过蔬菜属于低热量高纤维食材，多吃点没有太大关系。

利用家中圆盘，打造梯形排列法。

肉（蛋白质）次之

蛋白质的分量次之，摆放在圆盘的中间，可以准备两三种不同的食材种类，摄取不同的营养素。尽可能搭配植物性蛋白和动物性蛋白，像是豆腐+鲑鱼，或是毛豆+鸡肉的方式。素食者以植物性蛋白为主，食用的分量可增加到与蔬菜的体积相同。

蛋白质容易因为选择的食材不同，造成较大的热量差异。像是五花肉的油脂含量高，虽然是同样的分量，但会比其他食材多出近200kcal的热量，因此必须以低脂肉为主。

饭（全谷物杂粮类）最少

全谷物杂粮类在餐盘里占的分量最少，大约为半碗饭（营养学来说1份为1/4碗饭，半碗为2份）。如果想精准测量，可按20g生米，或是50g白米饭计算，因为白米经烹煮会吸水。

如果今天不想吃米饭，想吃其他淀粉类食物，像是萝卜糕、芋头、红薯等，是可以的吗？可以的，只要减少米饭的分量即可，不能吃了半碗饭，又额外多吃几片萝卜糕，那就超量了！

Sunny营养师的小教室

减糖料理餐盘

餐盘里，蔬菜最多，蛋白质次之，碳水化合物最少，减少了碳水化合物的分量，吃充足的蔬菜与蛋白质，同样符合减糖饮食的吃法。排列食物时，铺平即可，切勿堆叠过高，造成过量。

适量水果、坚果、乳制品，补足营养，增加饱足感

我们家的餐盘会以上述的三大类营养素组成，并且在早10：00与晚6：00随餐加上一份水果、半份坚果，下午2：00喝一杯乳饮，既可以增加饱足感，又可以满足口腹之欲。

不过要特别提醒，水果与坚果很容易让人掉入“健康”的陷阱，它们的确是好食物，但糖分与热量都偏高，一不小心就会过量，所以请记住分量控制，水果一天两份，坚果一天一份（详见本书插页）。

乳制品一天一份，约240ml

一份火龙果的分量

一份腰果的分量

利用分隔餐盘，饮食不超量

“能控制篮板球，就能控制比赛。”能控制食物分量，就能够控制身材。控制食物的分量是非常关键的技能。

除了利用家中圆盘，市面上也有许多分隔餐盘、盘盒产品，可以多加利用。不过许多餐盘的分隔功能仅是方便大家盛菜、不让味道相互掺杂，如果要选择具饮食分量控制功能的餐盘，就需要检视每一个分格的大小与分量。

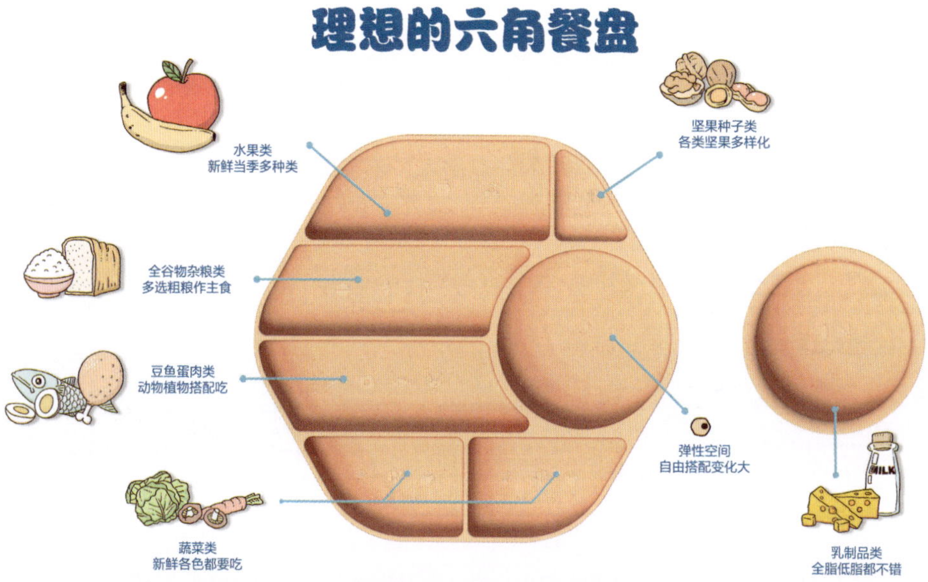

将六大类食物分区，只要将不同的食物种类分别摆满铺平，即可轻松控制食物的分量。

我心目中的理想餐盘，是可以清楚地将六大类食物分隔开来，并分配好比例，使用时只要装填即可，完全不用动脑。如果可用作微波炉餐具，在材质上也必须安全无虞。

以阿环小姐为例，刚开始帮她控制饮食时，她一天会吃2.5个餐盘（不含乳制品）的食物，早餐一个完整餐盘，中午餐盘分量减半，下午一份乳品类的点心，晚餐再吃一个完整的餐盘，以这样的方式进行一段时间，体重下降之后，再循序渐进调整食物分量。

不过，如果有特殊疾病或是其他饮食需求者，建议先询问过营养师或医师，提供正确的饮食指南。找出适合自己的饮食方式并且长期执行，才是最重要的。

利用餐盘控制饮食的好处

带来持久的饱足感

一般错误的饮食方式都会以大量的碳水化合物以及高油脂食物为主，很快就吃饱了，但人也会很快就饿了，使用餐盘帮助进食最大的好处就是能够有更加持久的饱足感，避免过多的饥饿感导致瘦身失败。

符合营养需求

如果只吃某几种食物，虽然一样能吃得饱，热量需求也足够，但是容易缺乏某些营养素，长期下来身体容易产生问题。按照餐盘分量来吃，就能够以简单的方式摄取均衡营养，也不容易吃过量。

改变进食顺序，有助瘦身?

以前的社会环境需要补充大量的碳水化合物，大部分的人习惯先吃饭，再配肉和菜，阿环小姐以前也是如此，但是这样的方式容易使血糖波动大。如果能够稍微调整一下顺序，先从喝清汤开始，接着吃菜与蛋白质，最后才吃淀粉，对于减少血糖波动会有些帮助。血糖缓慢上升，再缓慢下降，也能够让我们的饱足感比较持久。先吃足量的蔬菜，即能取得这样的效果。不过，这里的汤指的是清汤，并非浓汤，因为浓汤富含碳水化合物，会失去让血糖缓慢上升的意义。

先吃菜还是先吃肉？有些人因为担心蔬菜类也含有糖分，所以提倡先吃肉，比较不会影响血糖波动，不过蔬菜类所含的糖分包含了膳食纤维，属于不可消化的多糖类，并且体积大，热量低，对于饱足感也有帮助，所以，其实先吃菜或是先吃肉都无妨，关键在于碳水化合物要在它们后面吃。

不过，进食顺序的影响并没有进食总量影响大，只靠改变进食顺序，对于瘦身的效果有限，控制食物分量才是最关键的。

168轻断食餐盘6天计划

接下来为大家示范我们家的168轻断食餐盘，一天会吃两餐（两个餐盘），分别在早上10：00和晚上6：00前吃，下午2：00会吃一次乳制品类的加餐。进行六天后，第七天是自由日，可以吃自己喜欢吃的东西，像安妈会吃火锅或是日式料理等，但仍必须依循六大类饮食的比例与分量。

餐盘摆满食物，热量550～700kcal，取决于挑选的食材。如果觉得分量太多或太少，也可以等比例调整，例如，每一格只装原本的八分满。除非有特殊需求，不要单独减少某一格的分量，或是只增加某一格自己喜欢的食物，否则就失去了均衡饮食的意义。

DAY 1 第一餐

今天喝点白萝卜清汤，增加膳食纤维的量，对于增加饱足感也很有帮助。蔬菜多种颜色搭配，红凤菜可以增加铁质摄取。蛋白质来源则是含植物性蛋白的臭豆腐以及毛豆，搭配含动物性蛋白的章鱼，主食是白米饭再加上红藜麦，能够增加一些微量元素和膳食纤维的摄取。坚果类选择花生和杏仁，再另外补充富含维生素C的橘子和莲雾，一天的活力都没问题了。

总热量	蛋白质	脂肪	碳水化合物
648 kcal	34.8 g	24.8 g	73.7 g

DAY 1 第二餐

主食选用了土豆沙拉，加了点奶酪，可以增加风味，还能补充钙质。蛋白质就吃含完全蛋白的炒鸡蛋，再搭配上番茄，能够补充些番茄红素，再吃点低脂高蛋白的猪腱肉。三样丰富的蔬菜，包含深绿色的上海青，能够补充钙质，喝点笋汤，增加膳食纤维。水果就吃点富含花青素的火龙果跟黑李，再吃点巴西果以及南瓜子补充钙、锌、镁。搭配相当丰富，吃得饱，又不会过量。

总热量	蛋白质	脂肪	碳水化合物
688 kcal	32.9 g	29.7 g	76.4 g

DAY 2

第一餐

看到缤纷色彩的餐盘，是不是完全不像印象中的减肥餐呢？简单易料理的番茄蔬菜汤来一口，再配上三种蔬菜，包含了可补充多糖的菇类，看似简单的红薯叶，却是相当营养的蔬菜，能够补充叶黄素。皮蛋增添风味，并能补充蛋白质。植物性蛋白选了豆干，再搭上能补充Omega-3好油脂的鳕鱼，碳水化合物就用富含膳食纤维以及花青素的紫薯来补充。水果就吃苹果，还有能补充维生素A的木瓜，最后再来一份巴西果和榛子仁，补充维生素E，整个人活力有精神，再大的困难都能够顺利解决。

总热量	蛋白质	脂肪	碳水化合物
640 kcal	31.6 g	26.7 g	72.2 g

DAY 2 第二餐

来碗白芦笋排骨汤暖暖胃，蔬菜类选择用少量油炒出来的塔香茄子，还有阿环小姐拿手的卤白菜，配上能补充钾、镁的玉米笋加绿芦笋。蛋白质就选家常的菜脯蛋和低脂的虾仁，再吃点有嚼劲又能增加纤维量的魔芋米炒饭作为碳水化合物来源。配上小番茄、葡萄来补充维生素C，最后再吃一点令人开心的开心果，加上能补充Omega-3的核桃。

总热量	蛋白质	脂肪	碳水化合物
658 kcal	34.8 g	29.3 g	68 g

DAY 3 第一餐

超低热量的冬瓜煮成汤，还有当季新鲜的蔬食食材，包括超高膳食纤维的木耳搭配绿竹笋、豆类中的蔬菜四季豆。今天的蛋白质就吃特别一点的干煎皮蛋豆腐，再配上阿环小姐拿手的低脂卤猪腱肉，主食为能补充微量元素以及膳食纤维的糙米和魔芋米。配上低糖分的红色西瓜，紫色和绿色葡萄皆含抗氧化物质，还有能够补充维生素E以及蛋白质的杏仁与榛果，这样吃，让人感到无比幸福。

总热量	蛋白质	脂肪	碳水化合物
667 kcal	34.3 g	29.8 g	69.5 g

DAY 3 第二餐

蔬菜部分有方便料理的凉拌海带芽，能补充叶酸，还有阿环小姐的古早味卤苦瓜，绿色蔬菜就选四季豆。蛋白质就选一颗卤蛋，再加上含植物性蛋白的毛豆以及虾仁配炒蛋。米饭吃腻了，就换换口味，改吃魔芋面，配料也相当丰富，木耳还能增加膳食纤维。最后再来点哈密瓜以及维生素C丰富的猕猴桃，还有富含好油脂的腰果以及核桃，吃得很饱又营养。

680 kcal 总热量　35.6 g 蛋白质　30.1 g 脂肪　70.2 g 碳水化合物

DAY 4 第一餐

蔬菜区还是保持着多样化的原则，有丰富含硫化合物的双色菜花，高膳食纤维的红薯叶以及蘑菇。蛋白质则选择自制、没有添加蛋黄酱的凤梨虾球，以及榨菜炒鸡胸肉。碳水化合物选择糙米和魔芋米，减少热量又能增加饱足感。水果选择富含酶的凤梨以及能补充花青素的葡萄，最后适量用南瓜子、核桃补充微量元素，就是营养均衡的一餐。另外，断食中间的加餐也能喝点牛奶，补充优质蛋白质以及钙质，让饱足感延续。

总热量	蛋白质	脂肪	碳水化合物
612 kcal	33.9 g	24.5 g	66 g

*营养数值不含乳制品

DAY 4 第二餐

补充红、白、绿三种不同颜色的蔬菜，具有高钾、低热量、富含膳食纤维的特性。蛋白质选择简单的水煮蛋，搭配香气逼人的低脂罗勒鸡丁。今天的主食就吃多蛋白质、少碳水化合物的山药蛋饼。水果选择能补充维生素A的枇杷，以及维生素C含量相当丰富的番石榴，最后再来点开心果以及葵花子补充B族维生素，这样又是丰富饱足的一餐，轻松获得健康没烦恼。

在断食中间的加餐，可饮用土豆番茄汤，方便快速又富含多种营养素，其中也包含了丰富的膳食纤维，能够让我们的饱足感更加持久。

总热量	蛋白质	脂肪	碳水化合物
688 kcal	37.8 g	31 g	68 g

DAY 5 第一餐

三种蔬菜当中，要记得其中一项是绿色蔬菜。蛋白质多了点海味，选用了红喉、牡蛎，再配点家常的蒲瓜烘蛋，虽然今天主食吃白米饭，但是加了魔芋米，降低碳水量，提高膳食纤维量，一样吃得饱。水果有糖分含量低且维生素C含量高的小番茄，还有可助消化的凤梨。再来点夏威夷果以及南瓜子，补充微量元素。这样吃，轻盈无负担，同时兼顾了多种营养素。

下午时分，喝杯简单容易制备的紫薯芝麻奶，热的、冰的都好喝，还能补充钙质以及膳食纤维，补充下午的活力。

总热量	蛋白质	脂肪	碳水化合物
623 kcal	31.9 g	26.6 g	66.5 g

*营养数值不含乳制品

DAY 5 第二餐

足量的蔬菜对于减重来说真的相当重要，多样化的蔬菜更能全面补充营养。水莲菜富含铁质，木耳富含膳食纤维，茭白能补充叶酸。蛋白质食物今天换成牛肉卷饼，搭配有植物性蛋白的炒豆皮，主食也换换口味，吃有维生素A的南瓜煎饼。水果有香瓜、西瓜、芒果，是三种不同颜色的维生素C来源。再补充能提供抗氧化矿物质硒的巴西豆，以及含有不饱和脂肪酸的葵花子，均衡饮食其实就这么简单。下午的一小餐可以喝点营养的南瓜坚果饮，方便快速补充所需要的营养素，南瓜富含维生素A，坚果提供不饱和脂肪酸以及多种矿物质，还能补充膳食纤维。

总热量	蛋白质	脂肪	碳水化合物
596 kcal	32.2 g	22.6 g	68 g

*营养数值不含乳制品

DAY 6 第一餐

今天主食是低GI的意大利面，但是足量的蔬菜不能少，有炒水莲菜、阿环小姐的卤冬瓜，还有邻家阿嬷自己种的莴笋，都是能够提供膳食纤维的好食材。海鲜是意大利面的绝佳配料，选用虾仁和墨鱼，提供优质的蛋白质。再配上糖分含量不算高的小番茄以及哈密瓜，最后吃点碧根果以及松子，补充维生素E。混搭的料理也能够吃得很营养，关键在于食物的种类以及分量控制，想要保持健康再也不困难了。

下午就来杯无糖黑豆豆浆，补充蛋白质，含有大豆异黄酮以及卵磷脂，这样吃省时又方便，营养也不会缺乏。

总热量	蛋白质	脂肪	碳水化合物
604 kcal	34.3 g	22.5 g	68 g

DAY 6 第二餐

蔬菜的选择很多，如何搭配很有讲究，韭菜花炒蛋能补充蛋白质，百合炒甜豆中，百合富含维生素C。蛋白质则选择了银芽烘蛋，增加膳食纤维的摄取，再配上低脂的椒盐腰内肉。主食是低GI的糙米饭以及低热量的魔芋米。水果则是钾离子丰富的香瓜，还有能补充花青素的葡萄，最后再来份南瓜子，补充矿物质钾、钙、镁，又是丰盛且营养均衡的一餐。

下午来杯绿拿铁，除了三大营养素外，还能补充植化素和膳食纤维，让断食能够更顺利地执行。

总热量	蛋白质	脂肪	碳水化合物
600 kcal	33.5 g	25.2 g	62 g

*营养数值不含乳制品

168轻断食Q&A

Q1 168轻断食期间可以喝饮料吗？

A 最好只喝水、无糖茶类或黑咖啡。

在断食期间喝水是最好的，如果想喝点有味道的，建议喝黑咖啡或无糖茶。因为任何会影响胰岛素分泌恒定的饮品或食物，都会让瘦身效果打折，例如：高蛋白饮品、无糖豆浆等，也都含有碳水化合物，一旦喝下，就会造成血糖上升和胰岛素分泌波动。所以断食期间要避开有热量以及糖分的饮品，才能达到最好的效果。

Q2 断食期间饿了怎么办？

A 可以补充电解质，并调整正餐的摄取量，不要让自己饿肚子。

如果发现自己断食期间容易饿，可以参考以下几个小建议，调整间歇性断食的步调，才能走得长远：

喝盐水

刚开始断食难免会不适应，可能会产生饥饿感，而且也可能会感到头昏，这时候可以喝点盐水补充电解质。如果还是很饿，可以吃点富含蛋白质的食物，之后再做调整，避免身心受到折磨。

正餐吃饱

在可以吃东西的时间内，我们要尽量摄取身体所需的热量以及营养素，以天然食物为主，还要均衡摄取各类食物，如全谷物杂粮类可以选择糙米饭或是五谷米，坚果类也要按照分量摄取。这些都是富含膳食纤维的食物，能增加饱足感，也比较不容易在断食期间感到饥饿。

循序渐进

刚开始执行断食的阶段，可以从简单容易达成的1410开始。假如早上9：00吃第一餐，最后一餐可以在晚上7：00吃完，以达成14小时不吃东西。顺利过完一周之后，就可以慢慢进阶成晚上6：00吃最后一餐，下一周再调整成下午5：00吃完，这样就可以达到168轻断食，也比较不会有不适应的情形发生。

Q3 上班族如何进行168轻断食?

A 可以根据自己的生活作息，调整进食的时间。

朝九晚六的上班族，通常中午有一个小时的休息时间，如果要执行168轻断食，可以在中午12：00吃第一餐，最后一餐安排在晚上8：00以前吃完。不过，中午那餐就非常重要，一定要均衡吃到六大类食物，才会让饱足感持久，并且摄取足够的营养。下午三四点的时候补充一份点心，晚餐时也要依照均衡的方式来吃，这样饱足感就能相当持久。

Q4 不吃早餐还是晚餐比较好?

A 一般人断早餐可能比较容易，也可以依自己的作息选择。

早上起床到中午的时间，其实远远短于晚上到睡觉的时间。假如上班族在早上8：00左右起床，到中午是3～4小时，如果决定不吃早餐，第一餐在中午12：00开始吃，其实不会很艰难。但如果不吃晚餐，可能在下午5：00就要吃完最后一餐，一直到上床睡觉为止，有将近七八个小时不能吃东西，相较之下是比较难以达成的。而且各种诱人的小吃通常会在晚上纷纷出没，一不小心就容易出现报复性消夜，让人前功尽弃，所以，选择断食早餐会比较容易一些。

Q5 生活作息不正常，如何执行168轻断食?

A 可以先从调整饮食内容着手。

每个人的生活习惯以及工作时间不同，有些人的工作是排班制，甚至要值大夜班，没办法在规律的时间内吃饭。这时候，其实不一定要把进食时间限制在一定范围内，因为这样只会让你压力更大、更不容易成功执行。可以先从饮食的内容做调整，吃得均衡、按照分量、保持热量赤字，这些都远比进食的时间重要。每个人都有最适合自己的减脂饮食方式，要能成功执行、顺利达成，才是真正有效的。

Q6 断食期间需要计算热量吗?

A 不用算得很精准，但最好还是能掌握每天吃下去的热量。

根据能量平衡原理，吃进去的热量小于消耗的热量，就能够瘦下来，所以能够计算热量当然是最好的选择。但这对大部分的人来说并不太容易，所以谨记原则：每天均衡摄取六大类食物并控制分量，才是成功改善健康并达成减重的关键!

Q7 断食会让人低血糖、昏昏欲睡吗？

A 刚开始时可能会有低血糖等状况，可以循序渐进改变饮食内容。

一般健康状况良好的人，断食16小时通常不会有非常不舒服的情况发生。断食中可能会有饥饿感，但一下就过去了。断食期间还是有可能引起低血糖的，但主要的原因是平常就没有好好注意饮食，吃的东西都以精致淀粉为主，导致体内的血糖波动较大。现在忽然将空腹的时间拉长，就会造成饥饿感强烈、头晕等状况。所以可以用循序渐进的方式进行，并且改变饮食的内容，尽量以全谷物杂粮类为主食，少吃精致淀粉，并且提高优质蛋白质的摄取，吃得“对”比吃得“少”来得更重要。

Q8 断食期间会不会造成肌肉流失？

A 只要注意每天营养摄取充足、配合运动，就不会让肌肉流失！

造成肌肉流失的原因就是营养摄取不足，体内缺乏足够的营养来源，就会从肌肉提取营养，供给身体使用。因此，除了总热量以外，还要注意蛋白质是否摄取足够。蛋白质是维持肌肉非常重要的营养素，只要每日的热量和营养素摄取足够，并且加上适度阻力训练，就不会有肌肉流失的情形。

Q9 断食期间如何调配运动强度？

A 在断食空腹期间可以选择低强度运动。

断食期间一样可以做运动，虽然刚开始会有点不适应，可能会感受到马拉松选手跑到一个程度时出现的“撞墙期”。其实这是我们身体所储存的糖原（Glycogen）耗尽而产生的疲劳现象。但是身体的能量来源并不是只有糖原，另外一个供给来源就是身上的脂肪。低强度的运动下，脂肪能够提供能量，只是需要一些时间来适应能量来源的切换，所以在断食空腹期间可以选择低强度的运动。

如果你做的是属于中高强度的重训，并且时间拉长至1～2小时。甚至更长，那么建议在运动前补充一些碳水化合物。毕竟重训时最主要的能量来源还是糖原，如此一来，运动表现会比较好，也能够达成训练目的。

Q10 断食期间，运动完还可以吃东西吗？

A 运动后最好补充足够营养，并适时调整。

运动后的那一餐是相当重要的，因为这时候肌肉需要营养补充，所以我们建议运动后一定要摄入足够的营养，最好摄取约30g的蛋白质，可以促进肌肉合成。但如果运动后已经超过断食时间，该怎么办呢？

其实饮食方式最重要的还是要看整日的营养摄取，如果你今天的蛋白质摄取量已经足够，那就不需要再额外补充；但若今天的营养需求不足，建议在运动后补充营养。如果想让断食的效果达到最佳，可以把运动后的进食移到运动前吃，就能达到最佳断食效果。

轻断食的重点原则在于，要在可进食的时间段中把一整天的营养需求吃完，如果营养需求未达到，还是可以在运动完补充。摄取足够营养素才是关键，吃的时间只是辅助手段。

Q11 已适应168轻断食，可以再缩短进食时间吗？

A 可以，但要循序渐进调整。

如果已经执行168轻断食一段时间，习惯了这样的饮食方式，在食物种类以及分量都能够拿捏准确之后，可以再往更进阶的断食方式前进。比如缩短进食的时间，调整成186、204，甚至是5+2断食，但建议要循序渐进，让身体慢慢适应。

Q12 结束断食后会不会复胖？

A 养成均衡饮食习惯，长期执行就不会复胖。

常常有人问，断食到底要执行多久？执行后会不会复胖？其实轻断食没有标准的执行时长，重点是要看你的目的为何。如果你已经通过断食达到理想体重，就可以调整回原本的饮食方式，至于之后会不会复胖，取决于之后的饮食内容。

如果调整回原本的一天三餐，但是饮食内容还是保持均衡，分量也有所控制，那么基本上不会复胖。但如果断食之后又恢复高油、高糖、高盐、分量超标的饮食，这样铁定会胖回来！所以我们所要做的，就是把饮食习惯调整成能够长期执行，并且适合个人生活作息的饮食方式，才是维持健康的不二法门。

PART 3

全谷物杂粮类料理

减脂期完全不能吃淀粉？
每天无米不欢的白饭控要怎么控制食量？
本章将带你重新认识淀粉类食物，
9道全谷物杂粮类料理，
帮助你补充好的碳水能量，
享受美味，热量不超标。

魔芋米白米饭

魔芋米是用魔芋做成的米粒状食材，膳食纤维丰富（每100g含有2.7g的膳食纤维），且热量低，口感筋道滑弹。如果完全以魔芋米取代传统米，一般人可能无法适应，所以建议将两种米混合，不但能带来饱足感，还能减少40%的热量摄取。

总热量**764**kcal | 蛋白质**13.7**g

脂肪**2**g | 碳水化合物**177**g

膳食纤维**10.9**g

*一碗（200g）191kcal

材料（约4碗饭）

白米 180g（1杯） 魔芋米 360g（2杯）

做法

1 将一杯白米轻轻拨洗两三次后沥干，再加入一杯水。米和水的比例为1：1～1：1.2。

2 倒入魔芋米（无须加水），并搅拌均匀。

Tips 魔芋不吸油也不吸水，烹煮时不用另外加水，只要按照原本煮米的加水量即可。

3 放入电饭煲，用“煮饭”挡煮熟即可。

营养师建议

虽然魔芋米是低热量食材，但不建议为了想要快速瘦身而餐餐吃。食用时也需多喝水，以免过量，也避免摄取大量膳食纤维而导致肠胃不适。

魔芋米糙米饭

糙米与白米的热量其实相差不大，但是多了矿物质、维生素以及膳食纤维，而且升糖指数较低，可以延缓血糖急速上升，带来更持久的饱足感，所以是减脂的好帮手。

除了糙米，也可以加入其他全谷物杂粮类的食材，例如：藜麦、黑米、红豆等，这些都是富含膳食纤维的主食类，也包含了植化素（黑米可补充花青素），对于身体的代谢有益。

总热量**768**kcal | 蛋白质**15.8**g

脂肪**5.2**g | 碳水化合物**172.3**g

膳食纤维**16.9**g

*一碗（200g）192kcal

材料（约4碗饭）

糙米 180g（1杯）　　魔芋米 360g（2杯）

做法

1 将一杯糙米轻轻拨洗两三次后沥干，再加入一杯半的水。米和水的比例为1：1.5。

Tips 煮糙米饭的水量要比白米多，大约是1.5倍的水量。想要吃到更软的口感，则需再增加水量。

2 倒入魔芋米（无须加水），并搅拌均匀。

Tips 魔芋不吸油也不吸水，烹煮时不用另外加水，只要按照原本煮米的水量即可。

3 放入电饭煲，煮熟即可。

营养师建议

食用糙米饭时，需留意“分量”的控制，如果一味觉得糙米比较营养而摄取过量，也会让体重不易控制。请记住，好的食材仍必须搭配分量控制，才能有效实现体重管理。

炒魔芋面

传统炒面需要用较多的油量拌炒，相对来说热量也较高，利用热量低、富含膳食纤维的魔芋面，就可以聪明避开“热量地雷”。

这道料理的关键在于油量控制，建议使用量匙测量，控制热量。另外，加入木耳、圆白菜等蔬菜，即可提高膳食纤维的摄取量。餐餐吃饭，有点腻了吗？不妨试试这道美味又无负担的魔芋炒面。

总热量353kcal | 蛋白质4.8g | 脂肪14.9g
碳水化合物58.7g | 膳食纤维15.4g

材料

魔芋面 360g
木耳 20g
胡萝卜 15g
圆白菜 100g
洋葱 50g
辣椒 2g
盐 适量
香菜 10g
青葱 5g
蒜 5g
红葱头 20g
米糠油 15ml
酱油膏 10ml

做法

1 木耳、胡萝卜、圆白菜、洋葱切丝；蒜、红葱头、香菜切末；辣椒、青葱切小段。

2 热锅后加入米糠油，放入蒜末、红葱头爆香，加入胡萝卜、洋葱炒熟，再加入木耳丝、圆白菜丝、辣椒以及魔芋面，拌炒。

Tips 魔芋不吸油也不吸水，烹煮时建议不要加太多水。

3 加入盐、酱油膏调味，拌炒。

4 起锅前撒上葱花、香菜末即可。

魔芋米炒饭

100g的白米饭有182kcal热量，而等量的魔芋米仅有39kcal热量，以魔芋米取代传统炒饭，更能享受无负担美味。魔芋米与糙米的比例为2：1，让魔芋米多一点，热量更少一点。加入炒蛋，一同享用，可增加蛋白质的摄取量，也可让升糖指数降低。

总热量634kcal | 蛋白质22g | 脂肪20.2g | 碳水化合物93.7g
膳食纤维13.8g

材料

魔芋米糙米饭（P67）480g
鸡蛋 110g（2颗）
洋葱 50g
盐 适量
酱油 10ml
青葱 20g
罗勒 15g
葡萄籽油 10ml
黑胡椒粉 适量

做法

1 将P67的魔芋米糙米饭冷藏整夜再使用。

Tips 隔夜饭炒起来更能够粒粒分明。

2 罗勒、洋葱切末；青葱切成葱花。

3 热锅后加入葡萄籽油，将鸡蛋打匀后下锅，快速翻炒，加入洋葱炒至熟透，再加入魔芋米糙米饭拌炒。

4 加入盐、酱油、黑胡椒粉调味，再撒上罗勒、葱花提味即可。

台式意大利面

意大利面的原料是杜兰小麦，蛋白质含量比一般面条高，但升糖指数较低，所以在减脂期间想吃面食时，意大利面是不错的选择。不过要特别注意酱料的搭配，热量由少到多的烹饪方式分别是：清炒、红酱、白酱、青酱。进行体重控制时，清炒与红酱是较好的选择，白酱与青酱在制作时都需要较高的用油量，不太建议。

自己料理的好处在于能够控制油量及添加的食材。搭配高蛋白低脂肪的海鲜，能够补充足够的蛋白质，番茄、洋葱分别富含番茄红素与槲皮素，对于抗氧化有很好的帮助。

总热量**708**kcal | 蛋白质**48.5**g | 脂肪**17.7**g | 碳水化合物**98.8**g

材料

生意大利面条 100g	蒜 15g	虾仁 130g
青蒜 15g	鱿鱼 150g	青葱 15g
番茄 200g	香菜 15g	洋葱 60g
橄榄油 15ml	盐 适量	

做法

1 番茄切成小丁，汤汁需留着备用。

2 洋葱、蒜切末；青蒜切小段；青葱切成葱花备用。

3 煮一锅水，水开后放入意大利面条与少许盐，煮至面条熟透（约10分钟），沥掉水分，捞出。

4 热锅后加入油，加蒜末爆香，再加入洋葱末，快速拌炒。

5 倒入步骤1的番茄丁，炒至糊状，再加入番茄汤汁，煮至微滚后，放入步骤3的意大利面，加盐调味。

6 在锅中加入虾仁、鱿鱼，盖上锅盖焖熟即可。

7 起锅前，可视个人喜好加入葱花、青蒜、香菜，增加整体香气。

Tips 起锅前再尝一下味道，如咸度不够可加一点盐调味。

营养师建议

意大利面吸水后会膨胀至2.65倍，也就是100g的生意大利面烹煮后会变成265g。料理时要特别留意，避免煮过量。

台式萝卜糕

扫码看视频

从营养的角度来看，萝卜糕的原料就是其实就是白米加上蔬菜，而且比只吃白米饭还多了膳食纤维，所以只要分量控制得宜，一样可以安心食用。

要特别注意的是煎萝卜糕时的油量。如果想要更低的热量，可以用蒸的方式；如果想要吃到香煎美味，就要控制食用量，一餐以两片为限，同时搭配上其他天然食物，才能达到控制体重的效果。

总热量**781**kcal | 蛋白质**17.9**g | 脂肪**2.2**g | 碳水化合物**170.4**g

*每片60g，46kcal

材料（约可制作1kg萝卜糕）

籼米 200g	煮白萝卜的水 200ml	荸荠粉 10g
白萝卜 400g	盐 适量	白胡椒粉 适量

做法

1 将白萝卜洗净、刨丝。

2 将籼米用200ml水浸泡2小时以上，再把泡过的米和水用果汁机搅打成细致的米浆。

3 荸荠粉加入少许水，勾芡，倒入米浆中。

Tips 加入荸荠粉，可让萝卜糕完成后切片时，较不易粘刀。

4 取一个大锅，放入刨好的萝卜丝和水，大火煮开后，加盐和白胡椒粉调味，转成小火，倒入一半的米浆，以同方向搅拌至浓稠，再倒入剩下的米浆，继续搅拌至浓稠即可关火。

Tips 倒入米浆后需持续搅拌，避免粘锅。

5 蒸笼里铺上保鲜膜或粿纸，在两边放入两个“粿气”（帮助水蒸气排出），再将米浆糊倒入蒸笼，敲一下桌面，将空气震出。

Tips “粿气”通常会利用桂竹蒸筒，或是用厚纸卷成直径10cm大小的圆筒。

6 煮一锅热水，将蒸笼放到锅上，盖上蒸笼盖，覆上一层棉布，盖紧，避免热气跑出，蒸50～60分钟。

7 将筷子插入萝卜糕中，如果筷子不沾黏，就代表熟了，拿出，待凉即可切块。

安妈提示

此款萝卜糕的口感较为扎实，如果想要软一点的口感，可以增加水量。
也可以加入油葱、香菇、虾仁，就成为港式萝卜糕了。

古早味芋头糕

芋头从营养学上来说不属于蔬菜类，算是主食，且淀粉含量高，每100g的热量为123kcal。虽说低于100g白饭的182kcal，但热量也并不低，食用时仍需注意分量及出现在餐桌上的频率。

在吃芋头糕这类料理时，每餐分量需控在一片半左右，并搭配富含植物性蛋白的食物，以及足够的蔬菜量，才能吃得均衡。如何既能解馋，还能避免热量超标，是我们要学会的重要课题。

总热量971kcal | 蛋白质168g | 脂肪12.8g | 碳水化合物195.2g

*每片60g，99kcal

材料

芋头 200g　水 200ml　红葱头 30g

葵花子油 10ml　籼米 150g

做法

1 将籼米泡水2小时以上，再把泡过的米和水用果汁机搅打成细致的米浆。

2 红葱头切成末，芋头切成丝。

3 热锅后加入油，将红葱头末爆香，放入芋头丝，小火炒至有香气。

4 将米浆与芋头丝搅拌混合，蒸熟即可。

Tips 将筷子插入芋头糕中，如果筷子不粘，就代表熟了，如果没熟，就再多蒸一会儿。

安妈提示

提供一个快手懒人做法：将芋头去皮、切小块，蒸熟后，再与米浆混合蒸煮即可，不过缺点是香气与风味稍嫌不足。

南瓜煎饼

南瓜也是一个很好的主食选择，热量较低，每100g只有69kcal热量，所以食用的分量可以比米饭多一些。且南瓜富含膳食纤维，每100g有2.5g膳食纤维（一般食物超过2g就算含量很高了），富含维生素A，有助于维持皮肤健康。

这道料理加入了洋葱、胡萝卜等蔬菜，可以增加膳食纤维的摄取量。另外，为了让煎饼容易成形，添加了少量面粉，因此在享用时要留意切勿过量。

总热量**518**kcal | 蛋白质**23.6**g | 脂肪**15.5**g | 碳水化合物**79.8**g
膳食纤维**10.5**g

材料

南瓜 250g	青葱 50g
洋葱 50g	鸡蛋 110g（2颗）
胡萝卜 50g	橄榄油 5ml
高筋面粉 30g	盐 适量

做法

1 将南瓜、洋葱、胡萝卜切成丝备用，青葱切末。鸡蛋打成蛋液。

2 将步骤1的食材、盐和面粉加入蛋液中，混合均匀。

3 热锅后加入油，倒入步骤2的食材，以小火慢煎至两面呈金黄色泽即可。

Tips 因为是用生南瓜煎制，所以要有耐心地小火慢煎，或是盖上锅盖焖煎，能带来较好的口感。也可以先将南瓜蒸熟，煎的时候会比较快，但会缺少香气。

烤紫薯

如果想要变换主食种类，紫薯是很好的选择，与白米饭相比，多了矿物质、维生素以及膳食纤维，而且紫薯还多了花青素，更具营养价值。

紫薯的GI值（升糖指数）较低，介于55~70之间，对于血糖控制较有帮助。不过需要提醒的是，虽然升糖指数低的食物对于减重有所帮助，但并没有必然关系，GI值低并不等于吃不胖，关键还是在于食用的分量。

总热量**348**kcal | 蛋白质**3.3**g
脂肪**0.3**g | 碳水化合物**85.5**g
膳食纤维**8.4**g

材料

紫薯 300g

做法

1 紫薯洗净（不用去皮），擦干水分。

2 放入冰箱冷冻约40分钟。

3 取出，直接放入烤箱，以200℃烘烤约45分钟。烤至皮皱，用筷子插入，若内部松软，就代表熟了。

Tips 为节省烤箱用电量，可以一次多烤一点，冷冻保存。经过冷冻再烘烤的紫薯，口感会更松软。

营养师建议

紫薯的热量并不算低，每100g约有116kcal，只比含182kcal的100g白饭低了一些，差距不算太大，所以替换成主食时还是要控制分量。减重期间，同时摄取各类食物，才能达到又饱又瘦的效果。

PART 4

豆蛋类料理

鸡蛋是瘦身减脂的好帮手。
豆皮、豆腐、豆干等食材，
是很好的植物性蛋白来源。
以豆制品作为主要蛋白质来源，
可以避免摄取过多脂肪，减少身体的负担。
14道美味的豆蛋类料理，
补充每日所需蛋白质。

卤豆干

豆干是富含蛋白质的豆制品，而且是植物蛋白，不含胆固醇。虽然如此，仍要控制摄取的分量（每100g含有17g的蛋白质，155kcal热量）。钾、钙、铁、锌等矿物质含量也相当丰富，补充蛋白质的同时，也能补充其他矿物质。

总热量647kcal | 蛋白质57.3g | 脂肪35.2g | 碳水化合物32.6g

材料

豆干 300g
洋葱 30g
酱油 20ml
米糠油 10ml
酱油膏 10ml
青蒜 30g
香菜 20g
辣椒 3g（依照个人喜好添加）
蒜 20g

做法

1 煮一锅开水，放入豆干稍微烫一下。放凉后切成块。

Tips 豆干易变质，买回来后以滚水烫过，待凉后放于冰箱冷藏，可保存3～4天。选择完全无染色的白豆干更为安心。

2 将辣椒、蒜、香菜切末；青蒜切小段；洋葱切丝。

3 热锅后加入油，放入辣椒、蒜爆香，加入洋葱拌炒至熟透，再放入豆干，煸炒至微焦，加入酱油膏、酱油，盖上锅盖，小火卤至收干汁。起锅前，加入青蒜、香菜即可。

Tips 卤豆干时要盖上锅盖，让豆干膨胀起来，吸收酱汁，更容易入味。

安妈提示

如果想节省时间，也可用炒的方式。将豆干切成细丝，和其他食材一起拌炒即可。炒豆干不用盖锅盖，卤豆干则要盖锅盖。

炒豆皮

豆皮的蛋白质含量相当高，每100g就有25.3g的蛋白质，热量为208kcal。这也是相当容易补充植物性蛋白的一道料理，不过要注意的是热量不算低。一般我们在外食吃到的豆皮，有些还会经过油炸，热量更加容易超标，所以尽量挑选没有经过油炸的豆皮，自己料理时也控制好用油量，才不会摄取过多的热量。

总热量**643**kcal | 蛋白质**65.5**g | 脂肪**36.7**g | 碳水化合物**15.5**g

材料

豆皮 250g	蒜 5g
青蒜 30g	辣椒 2g
香菜 30g	米糠油 10ml
盐 适量	酱油膏 10ml（也可以替换成酱油）

做法

1 将豆皮切丝，辣椒、蒜、香菜切末，青蒜切小段。

2 热锅后加入油，放入辣椒、蒜爆香，加入豆皮，小火耐心煸炒至微焦。

3 起锅前加入盐、酱油膏、青蒜和香菜即可。

安妈提示

在炒豆皮时，多用一些油会比较好炒，但由于要控制油量，一定要有耐心地小火慢炒，才能好吃又不会过油。

可以试着改变形状来变化料理：除了切细丝，也可以切成块；除了干炒外，想要品尝湿润一点的口感，可以加入少许水拌炒，甚至可以红烧或是炖卤，自行变化。

购买豆皮时，选择第一层豆浆凝结的豆皮，品质最好、最嫩。

红烧臭豆腐

臭豆腐可以说是大众美食，每100g中含有13.5g的蛋白质，是很好的蛋白质来源。只要避免使用高油脂的油炸方式，清蒸、红烧都是不错的吃法，关键在于油量以及钠含量的控制，适量吃都没有问题。

总热量 **481** kcal | 蛋白质 **37** g | 脂肪 **24.6** g | 碳水化合物 **45.3** g

材料

臭豆腐 400g	香菜 30g
胡萝卜 20g	蒜 10g
木耳 20g	辣椒 5g
洋葱 50g	高汤 500ml
熟毛豆 50g	葵花子油 5ml
豆瓣酱 15ml	酱油膏 15ml

做法

1 胡萝卜切片，木耳、洋葱切丝，香菜、蒜、辣椒切末。

2 热锅后加入油，以小火拌炒豆瓣酱，炒香后加入洋葱炒软，再加入酱油膏调味。

3 接着再加入蒜、辣椒拌炒，并加入高汤，放入臭豆腐、木耳、胡萝卜，盖上锅盖，以小火炖煮至食材入味。

4 起锅前放入煮熟的毛豆，撒上香菜即可。

Tips 毛豆不能煮太久，以免变黄，建议先煮熟。

红烧老豆腐

传统老豆腐的水分含量高，所以营养素的密度较低，每100g中有8.5g的蛋白质，热量只有88kcal，可以吃的量比较多，能增加饱足感。

每100g传统老豆腐约有140mg的钙质，也是素食者补充钙质相当好的一种食材。

总热量**484**kcal | 蛋白质**35.9**g
脂肪**23**g | 碳水化合物**36.9**g

材料

老豆腐 400g	蒜 5g	胡萝卜 10g
辣椒 5g	洋葱 50g	葵花子油 10ml
青葱 30g	乌醋 10ml	酱油膏 10ml

做法

1 老豆腐切块，胡萝卜、洋葱切丝，青葱切小段，蒜、辣椒切末。

2 热锅后加入油，放入老豆腐煎至双面稍微呈现金黄色。

Tips 煎豆腐时，也可以先加入少许盐，除了帮助入味，也可以减少酱油膏的用量。

3 接着加入洋葱、胡萝卜、蒜末、辣椒拌炒，加入酱油膏与少许水，盖上锅盖，焖煮至汤汁浓稠。

4 起锅前，再加入乌醋、酱油膏调味。

圆白菜豆腐饼

结合圆白菜与豆腐的一道料理，既能够补充植物性蛋白，也能够补充膳食纤维。加入鸡蛋，能够补充完全蛋白。也可以自行变化配料，加入虾仁、毛豆等食材，增加蛋白质的含量。

总热量 719kcal | 蛋白质53.3g
脂肪 37.7g | 碳水化合物49g

材料

圆白菜 300g　鸡蛋 110g（2颗）　胡萝卜 20g
青葱 20g　老豆腐 400g　香菜 20g
洋葱 50g　葵花子油 15ml　盐 适量

做法

1 圆白菜、胡萝卜切丝，老豆腐捏碎，洋葱、青葱、香菜切成末。
2 将步骤1的全部食材与蛋液搅拌均匀，再加盐调味。
3 热锅加入油，倒入蛋液，煎至两面呈金黄色泽即可。

Tips 也可以用少许油先将洋葱和胡萝卜炒过，再和圆白菜一起加蛋液煎熟，这样会更具香气。

扫码看视频

干煎皮蛋豆腐

皮蛋的营养价值丰富，热量与鸡蛋差不多，也都是富含蛋白质的食材，比较大的差异在于皮蛋是加工品，钠含量较高，应避免食用过量。如能控制食用量与频率，皮蛋搭配上豆腐，是一道可以好好补充蛋白质的料理。

总热量498kcal ｜ 蛋白质39.4g
脂肪27.5g ｜ 碳水化合物10.1g

材料

老豆腐 300g　辣椒 3g　皮蛋 100g
青葱 30g　蒜 5g　葡萄籽油 10ml
酱油膏 10ml

做法

1 老豆腐、皮蛋切块，蒜切成末，辣椒切成小段，青葱切成葱花。

2 热锅加入油，放入蒜末、辣椒爆香，加入老豆腐、皮蛋，以小火耐心干煎至表面呈金黄色泽。

Tips 想控制油量又兼顾美味，就必须小火干煎，耐心料理，才能吃得健康又美味。

3 起锅前，加入酱油膏调味，撒上葱花即可。

Tips 煎豆腐时可以加少许盐，比较容易入味，也可以减少酱油膏的使用量；皮蛋煎切面（有蛋黄的那面）即可。

扫码看视频

安妈卤蛋

家常卤蛋是补充蛋白质的最好食材。很多人担心胆固醇问题，吃蛋时不吃蛋黄。根据《中国居民膳食营养素参考摄入量（2023版）》，膳食胆固醇的摄入量不再设定上限。主要是因为研究表明，膳食胆固醇的摄入量与心血管疾病的发生并没有显著的相关性。除非你有特殊疾病或是血脂偏高，才会需要限制胆固醇摄取，不然更应该注意的其实是饱和脂肪酸的摄取量。

总热量**106**kcal | 蛋白质**7.5**g

脂肪**5.4**g | 碳水化合物**7**g

*以上为一颗卤蛋的营养成分

材料

鸡蛋 550g（10颗）　洋葱 50g

辣椒 3g（依个人喜好添加）

芥花油 5ml　水 150ml

酱油 50ml　味醂 75ml

做法

1 在冷水中放入常温蛋，煮至水开后（约5分钟）关火，盖上锅盖闷10分钟左右。捞起放凉后再剥壳。

2 洋葱、辣椒切末。

3 热锅加入油，放入辣椒、洋葱爆香，加入酱油、味醂炒香，放入鸡蛋，小火拌炒酱香入味。

Tips 炒酱香时要用小火慢炒，避免炒过头产生苦味。

4 加入150ml的水，炖煮30分钟，关火，再浸泡30分钟使其入味。

毛豆虾仁炒蛋

这是一道富含蛋白质的料理，毛豆算是植物性蛋白，对于肾脏的负担较小，而虾仁也属于饱和脂肪酸含量较低的食材，再搭配上鸡蛋的完全蛋白，借由简单的搭配方式，在减脂期间就能够补充足够的优质蛋白质。

总热量604kcal | 蛋白质58.7g | 脂肪29.5g | 碳水化合物17.9g

材料

毛豆 120g	青葱 20g
虾仁 120g	鸡蛋 220g（4颗）
洋葱 30g	蒜 5g
香菜 20g	初榨橄榄油 10ml
盐 2g	酱油膏 5ml

做法

1 煮一锅热水，水开后加入毛豆、少许盐，再煮30～40分钟。煮好放凉。

Tips 可一次煮好大量的毛豆，冷冻保存，需要时随时拿出来拌炒，相当方便。

2 虾仁去肠泥；洋葱、蒜、香菜切末备用。

3 取一大碗，将鸡蛋搅拌均匀，加入酱油膏和盐调味。

4 热锅后，先将虾仁快炒至半熟后，盛起备用。

5 锅中加入橄榄油，放入蒜末、洋葱末，炒软炒香，加入葱花、香菜末快速拌炒，再加入蛋液炒熟，放入虾仁、毛豆炒熟即可盛盘。

金针菇煎蛋

鸡蛋是补充蛋白质最简单快速的食材，这道料理搭配上口感滑嫩的金针菇，富含膳食纤维。每100g里含有2.3g膳食纤维，也有2.6g的蛋白质，还包含维生素B_3、烟碱酸、矿物质钾等。

鸡蛋与金针菇都是能够快速煮熟的食材，只要混合煎熟，即能快速享用到鲜美可口、蛋香四溢的美味。整道料理控制在10ml的油量，就能避免过多的热量。

总热量443kcal | 蛋白质35.2g | 脂肪25g | 碳水化合物27.5g

材料

金针菇 210g	青葱 60g
胡萝卜 15g	鸡蛋220g（4颗）
洋葱 30g	米糠油 5ml
香菜 20g	盐 适量

做法

1 金针菇切成小段，胡萝卜、洋葱、香菜、青葱切末。

2 将鸡蛋打匀与步骤1的食材混合均匀，再加入盐调味。

3 热锅后加入油，将步骤2的食材放入、铺平，盖上锅盖，小火慢煎至双面呈金黄色泽即可。

安妈提示

可以先将胡萝卜、洋葱等较耐煮的食材先用油稍微炒过，再加入金针菇、香菜、青葱炒至半熟，最后加入蛋液煎熟，这样可以让整道料理更具香气。

菜脯蛋

菜脯是用白萝卜腌渍制成的，所以也是富含膳食纤维的食材，具有特殊香气与风味，是古早味料理中的常见配角。要特别注意的是，菜脯咸度高、钠含量高，料理时必须反复泡水以稀释盐分，除了可减少钠含量，也避免过于咸香下饭而食用过量。

总热量**442**kcal | 蛋白质**30.6**g | 脂肪**29.4**g | 碳水化合物**19.2**g

材料

手工菜脯 40g
鸡蛋 220g（4颗）
洋葱 60g
胡萝卜 30g
青葱 30g
香菜 15g
辣椒 5g（依个人喜好添加）
初榨橄榄油 10ml

做法

1 将菜脯反复泡水，稀释盐分后，再稍微剁碎。
2 洋葱、胡萝卜、青葱、香菜、辣椒切末。
3 将鸡蛋打散，与步骤1、2的食材混合均匀。
4 热锅后加入初榨橄榄油，将步骤3的食材倒入，铺平，盖上锅盖，以小火慢煎至双面呈金黄色泽即可。

安妈提示

先将菜脯用干锅以小火炒香后，把菜脯移到锅边再加入少许油，放入洋葱、胡萝卜、青葱、香菜，以小火炒香，再倒入蛋液煎熟，这种做法更具风味。

蒲瓜烘蛋

这道蒲瓜烘蛋的特色，在于摄取蛋白质的同时也能补充其他营养素。蒲瓜是蔬菜类，热量低，每100g仅有15kcal热量，其中也含有矿物质钾、钙、镁等，以及维生素A、B族维生素和维生素 C 等。蒲瓜也能够补充膳食纤维，与鸡蛋结合起来，是相当不错的搭配。

总热量438kcal | 蛋白质30.3g | 脂肪29g | 碳水化合物18.5g

材料

蒲瓜 200g	香菜 20g
洋葱 30g	蒜 5g
胡萝卜 20g	葡萄籽油 10ml
鸡蛋 220g（4颗）	盐 适量

做法

1 蒲瓜切成细丝，加盐抓腌一下，使其出水，再将水分拧干备用。

Tips 加盐抓腌是为了更加脆口，腌渍时间不能太久，如果放置隔夜，蒲瓜容易变黑。

2 洋葱、胡萝卜切丝，香菜、蒜切末。

3 热锅加入油，先放入蒜末爆香，再加入蒲瓜丝、洋葱丝、胡萝卜丝拌炒，加入少许水，炒至熟透，盛起备用。

4 将鸡蛋打匀，加入香菜末、盐、步骤3的食材，搅拌均匀。

5 热锅中加油，将蛋液食材倒入，稍微整形成圆饼状，盖上锅盖，以中火双面烹煮至熟透。

Tips 可利用盘子倒扣翻面，即能整理出完美形状。如果无法判断是否熟透，可用筷子测试，如果没有粘连、可轻松穿透，即可盛盘。

银芽烘蛋

豆芽菜一般指的是绿豆芽，另外还有黄豆芽。两者都算是高纤维低热量的食材，另外也有矿物质钾、钙、镁以及B族维生素、维生素C等营养成分。100g绿豆芽仅有24～29kcal热量，黄豆芽热量稍高一些。最大的差别是黄豆芽的蛋白质及维生素A含量比绿豆芽高。两者皆可用来搭配烘蛋，作为补充蛋白质外的营养素来源。

总热量**462**kcal | 蛋白质**35**g

脂肪**29.5**g | 碳水化合物**21.2**g

材料

豆芽菜 200g	青蒜 20g	韭菜 20g
蒜 15g	甜椒 20g	鸡蛋 220g（4颗）
香菜 20g	米糠油 10ml	盐 适量

做法

1 将豆芽菜去除头尾，韭菜、甜椒切成丝，青蒜切小段，香菜和蒜切末备用。

Tips 建议使用绿豆芽。黄豆芽口感较硬，较适合凉拌或醋炒。

2 热锅后加入5ml的油，加入豆芽菜、韭菜、甜椒拌炒至熟，盛起备用。

Tips 豆芽菜一开始不要炒太熟，以免影响脆口程度。

3 将鸡蛋打成蛋液，加盐调味，与步骤2的食材、香菜末、青蒜、蒜末混合均匀。

4 热锅后加入5ml的米糠油，将步骤3的食材放入铺平，盖上锅盖，小火慢煎至双面呈金黄色泽即可。

蒸鸡蛋羹

蒸鸡蛋羹是再简单不过的一道料理，却是良好的蛋白质来源，除了鸡蛋本身，还可以加入低脂高蛋白的虾仁，以及富含植物性蛋白的毛豆，增加不同蛋白质的摄取。

总热量465kcal | 蛋白质56.9g
脂肪20.2g | 碳水化合物10.9g

材料

鸡蛋 220g（4颗）　葱花 20g　虾仁 50g
毛豆 50g　水或高汤 120ml　新鲜香菇（切片）80g
盐 适量

做法

1 将鸡蛋打成蛋液，再加入水或高汤，加盐，搅打均匀，用筛网过滤到碗中。

Tips 蛋液跟液体的比例约1：1，可以依照个人喜欢的口感调整水量。

2 将盛有蛋液的碗放入蒸屉。加入虾仁、毛豆、切片香菇。

3 盖上锅盖，可夹放一支筷子，留一点缝隙。

Tips 保留缝隙，是为避免锅内加热急速升温时，锅盖上的水滴落到蛋上，造成表面坑洞，影响美观。

4 蒸10分钟，撒上葱花即完成。

番茄炒蛋

番茄的营养价值很高，包含了膳食纤维、矿物质、维生素，还有植化素，其中维生素A的含量不低，每100g就有132微克视黄醇当量（μg RE）维生素A（每日建议摄取量：成年男性600μg RE、成年女性500μg RE），对于皮肤黏膜组织的健康有很大帮助。番茄也含有丰富的番茄红素。番茄红素属于脂溶性的营养素，所以要跟油一起炒才易于被人体吸收利用。

总热量462kcal | 蛋白质30.7g
脂肪29.2g | 碳水化合物23.4g

材料

番茄 300g	青葱 40g
鸡蛋 220g（4颗）	葵花子油 15ml
盐 适量	味醂 10ml

做法

1 番茄切块，鸡蛋打匀，青葱切段。

2 在热锅中加油，倒入蛋液，将蛋炒至半熟盛起。

3 锅中放入番茄炒至糊状，加入少许水，煮至番茄稍微熟软，加入炒蛋拌匀。

Tips 番茄熟软的程度可以自行拿捏，调整成喜爱的口感。

4 起锅前，加入盐和味醂调味，撒上青葱即完成。

PART 5

海鲜类料理

各类海鲜可以提供好的蛋白质，
避开胆固醇较高的内脏部位，
即能享用低脂料理。
跟着安妈做出13道有鱼有虾的料理，
减脂瘦身期也能吃得丰盛美味！

干煎刺鲳

刺鲳俗称南鲳、肉鱼、瓜仔鲳，是良好的低脂高蛋白质的食材，100g刺鲳含皮也只有155kcal热量，去皮之后则只有95kcal热量，蛋白质则约有18g，而且富含矿物质镁，有助于心脏、神经、肌肉维持正常功能。

减脂初期，食用鱼头的频率尽量不要太高，因为鱼头是油脂含量最高的区域，但只要在稳定正常地向理想体重迈进，也可以适量食用。

总热量506kcal | 蛋白质53.4g
脂肪30.7g | 碳水化合物0g

材料

刺鲳（含皮）300g　　米糠油 5ml　　盐 适量

做法

1 刺鲳冲洗干净，用纸巾吸干水分，在鱼身划刀，在两面抹上盐，静置15分钟。

Tips 盐的分量是鱼重的1%～2%。

2 热锅后，将油喷在纸巾上，均匀擦在锅中，中小火煎鱼，一面煎熟后再翻面，转小火，盖上锅盖，两面煎熟即可盛盘。

Tips 煎鱼时一定要将鱼身水分擦干，并且一面煎熟再换另一面，才能煎得漂亮。

香煎鲑鱼

鲑鱼各部位的蛋白质含量相差不大，但脂肪含量却相差很大。鲑鱼肚每100g含有近350kcal热量，而等量的鲑鱼肉热量约为221kcal。因此，选择部位很重要，鲑鱼肚就等瘦下来再吃吧！

鲑鱼富含维生素B_{12}，适量摄取能够增进神经系统的健康。这道鲑鱼料理，选择以小块的鲑鱼肉搭配上植物性蛋白来源的毛豆，补充蛋白质且热量也不会超标，让美味与营养取得平衡。

总热量645kcal | 蛋白质77.1g

脂肪28.9g | 碳水化合物2.7g

材料

鲑鱼 300g　熟毛豆仁 100g　青葱 30g

盐 适量　黑胡椒粉 适量

做法

1 鲑鱼切小块，在鱼身双面抹上少许盐和黑胡椒粉。青葱切葱花。

2 热锅后无须加油，将鲑鱼煎至两面微熟，加入熟毛豆仁拌炒，再加入黑胡椒粉调味。

3 起锅前撒上葱花即可。

安妈提示

整条鲑鱼端上桌时，吃完饭后总是会有剩，但改成小块煎煮后，则很容易被吃光。切成小块的鲑鱼更方便夹取，大家更喜欢。

醋烧旗鱼

旗鱼的蛋白质含量相当高，每100g就有约26g的蛋白质，热量仅有111kcal，其热量比鸡胸肉低，但蛋白质含量更高，还含有丰富的维生素B_6，能够帮助氨基酸正常代谢，并富含维生素B_3，能够促进皮肤、神经系统、黏膜及消化系统的健康。

总热量504kcal | 蛋白质84.5g | 脂肪9.3g | 碳水化合物19.6g

材料

旗鱼 300g	青蒜 50g
蛋清 40g（1颗的量）	姜 15g
洋葱 60g	牛油果油 10ml
盐 适量	酱油 5ml
白胡椒粉 适量	黑醋或巴萨米克醋 5ml

做法

1 将旗鱼切成薄片，与蛋清、盐、白胡椒粉抓腌均匀，静置15分钟。

Tips 旗鱼脂肪含量很低，煮得过熟容易有较涩的口感，利用蛋清、盐和白胡椒粉抓腌，可以让肉质软化。

2 洋葱、青蒜、姜切丝。

3 热锅后加入牛油果油，将旗鱼煎至半熟，加入洋葱、姜丝、酱油、黑醋和盐拌炒，起锅前加入青蒜即可。

营养师建议

旗鱼属于大型鱼类，要留意重金属残留问题，适量补充即可，避免过量。孩童与孕妇应特别注意，孕妇及育龄妇女每周不宜超过2份（70g）；6岁以下儿童每月不宜超过1份（35g）。

干煎鳕鱼

鳕鱼是优质的蛋白质来源，每100g含有约14g蛋白质，热量约166kcal，还可以补充Omega-3脂肪酸，对于抗炎也有很好的帮助。

总热量628kcal | 蛋白质46.6g
脂肪44g | 碳水化合物8.9g

材料

鳕鱼 300g	香菜 20g
蒜 20g	辣椒 5g（依个人喜好添加）
青葱 20g	葵花子油 10ml
盐 适量	

做法

1 将鳕鱼切成约6cm×10cm的块，蒜、青葱、香菜、辣椒切成末。
2 热锅后加入油，将鳕鱼煎至双面微焦，撒上盐调味，即可盛盘。
3 将蒜末、葱末、香菜末、辣椒末铺在鳕鱼上。

干煎红喉

红喉，又叫赤鲑、红臭鱼、红鲈，是高级鱼食材。每100g含有14.8g的蛋白质，热量仅有105kcal，包含了矿物质铁5.4mg（每日建议摄取量：成年男性10mg、成年女性15mg），是构成血红素与肌红素的重要成分，另外也富含维生素B_{12}，对于贫血者来说是很好的食材。

这道料理也常出现在日式料理店，通常价位较高，但肉质鲜美细致。享用美味的同时又可以补充营养，不妨偶尔犒赏一下辛苦的自己吧！

总热量390kcal | 蛋白质49.8g
脂肪19.7g | 碳水化合物0.9g

材料

红喉 300g　　葡萄籽油 15ml
盐 适量

做法

1 将红喉洗净后，用纸巾擦干，在两面的鱼身上斜划一刀，抹上少许盐，静置30分钟。
2 热锅后加入油，将红喉煎至双面呈现微微的金黄色泽即可。

清蒸海鲈鱼

海鲈鱼富含蛋白质，且脂肪含量很低，每100g含约20g的蛋白质，热量仅有98kcal，算是低脂高蛋白的食材，同时也富含维生素A、维生素B_{12}等营养成分。使用清蒸的烹调方式，就是一道可补充蛋白质、热量又低的美味料理。

以前去探病的时候，长辈总是会准备海鲈鱼汤给病人补身体，主要原因就是海鲈鱼富含多种营养成分，对于术后恢复相当有帮助。

总热量**433**kcal | 蛋白质**61.9**g | 脂肪**13.9**g | 碳水化合物**15.4**g

材料

海鲈鱼 300g	姜 20g
辣椒 10g	葵花子油 10ml
青葱 20g	盐 适量
酱油膏 30ml	米酒 适量
白胡椒粉 适量	

做法

1 青葱、辣椒、姜切成丝，泡在冰水中备用。

2 海鲈鱼剖成两片，用姜片、盐、白胡椒粉、米酒、酱油膏、葵花子油快速腌渍5分钟。

Tips 腌鲈鱼时，可以稍微在鱼表面划刀，帮助入味。

3 将海鲈鱼放入蒸锅中，上汽后蒸约7分钟。

4 蒸熟后取出，撒上步骤1的材料即可。

清炒虾仁

每100g虾仁可以提供约10g的蛋白质，热量仅有55kcal左右，在减脂期间是不可或缺的好帮手。其高蛋白质、低GI值（升糖指数）的特性，在补充蛋白质之余又不用担心碳水化合物过量。另外，也不用过于担心胆固醇的问题，适量摄取是没有问题。

总热量263kcal ｜ 蛋白质39.1g
脂肪10.3g ｜ 碳水化合物4.8g

材料

虾仁 400g　　初榨橄榄油 10ml
青葱 30g　　盐 适量

做法

1 将虾仁开背、去壳、去除肠泥。青葱切末。
2 热锅后加入油，放入青葱煸炒，再加入虾仁拌炒至熟，撒上盐调味后，即可起锅。

Tips 炒虾仁前也可以先用盐水泡，可增加脆度。

蒜蓉鲜牡蛎

牡蛎是提供蛋白质的好食材，每100g牡蛎可提供9.4g的蛋白质，热量54kcal，而胆固醇仅有55毫克。另外牡蛎也包含了矿物质钾、钙、镁、铁、锌，尤其是锌的含量特别高，可以提供约10.6mg（每日建议摄取量：成年男性15mg、成年女性12mg）。锌不仅是构成胰岛素及多种酶的成分，还可以帮助维持能量、糖类、蛋白质与核酸的正常代谢，以及参与重要的生殖功能，好处多多。

总热量**374**kcal | 蛋白质**38.9**g

脂肪**14.9**g | 碳水化合物**19.5**g

材料

牡蛎 400g	蒜 20g
香菜 40g	酱油膏 15ml
香油 10ml	黑醋 15ml

做法

1 将蒜、香菜切末，加入酱油膏、香油、黑醋搅拌均匀。

2 煮一锅水，水开后放入洗净的牡蛎，关火，闷3分钟左右即可捞起。

Tips 牡蛎的熟度决定这道料理的美味度，用闷的方式可以避免过熟。

3 将牡蛎盛盘，淋上步骤1的酱汁即可。

姜丝炒墨鱼

想要用白肉取代红肉，各种软足类食材是很好的选择。墨鱼有高蛋白、低热量的特性，每100g可以提供12.2g的蛋白质，热量仅有57kcal，是健身减脂人士可多食用的好食材。去除内脏部分后，胆固醇也不算太高，同时饱和脂肪酸也相当低，对于心血管的伤害较小。

总热量**350**kcal | 蛋白质**39.7**g | 脂肪**12.4**g | 碳水化合物**29.4**g

材料

墨鱼 300g	蒜 20g
姜 80g	青葱 30g
辣椒 20g	盐 3g
米酒 10ml	葵花子油 10ml

做法

1 墨鱼切大块；辣椒、姜切丝；青葱切段；蒜切片备用。

2 热锅后加入油，放入姜丝、蒜片、辣椒爆香后，再加入墨鱼拌炒一下。

Tips 炒墨鱼之前，可以先用热水快速汆烫3～5秒，减少炒的时间，避免过熟。

3 加入米酒和盐调味，起锅前放入葱段拌炒一下即可。

安妈提示

墨鱼的选择重点就是新鲜，如果能选择新鲜捕捞的当然最好，速冻的也是不错的选择，只要新鲜，简单调味就很好吃。

韭黄炒文蛤肉

文蛤是低脂肪、高蛋白质的食材，每100g仅有37kcal热量，可以提供7.6g的蛋白质，胆固醇只有39mg，也包含了丰富的维生素B_{12}，以及矿物质铁、镁、钙，尤其钙质高达106mg，可以维持骨骼、牙齿的健康，对于肌肉与心脏的正常收缩也很重要。

总热量339kcal | 蛋白质34.7g | 脂肪17.4g | 碳水化合物24.4g

材料

文蛤肉 400g
韭黄 200g
胡萝卜 20g
姜 20g
酱油膏 10ml
辣椒 10g（依个人喜好添加）
青葱 20g
葡萄籽油 15ml
盐 适量

做法

1 韭黄切小段，胡萝卜、姜、辣椒、青葱切丝。
2 文蛤快速汆烫，烫至半熟捞起，取出肉备用。
3 热锅后加入油，加入韭黄、胡萝卜、姜丝、青葱拌炒熟后，加入盐调味，盛盘备用。
4 热锅后加入油，放入文蛤肉炒熟，加入酱油膏调味，起锅，铺在韭黄上即可。

Tips 韭黄跟文蛤分开炒，较容易分别控制熟度。

凤梨虾球

凤梨和虾仁都是很好的食材，只是大部分的凤梨虾球会裹粉油炸，还会加上高油脂的酱料。只要调整做法并控制凤梨干的分量（干燥后糖分含量较高），就能吃得更健康安心。这一版本的做法虽然繁复了点，但也更健康、美味。

总热量460kcal | 蛋白质45.7g | 脂肪11.5g | 碳水化合物46g

材料

虾仁 400g
新鲜凤梨 100g
荸荠粉 3g
米糠油 10ml
米酒 3ml
香菜末 10g
姜末 3g
蛋清 40g（1颗的量）
盐 适量

做法

1 制作凤梨干。将新鲜凤梨切成小块，放入锅中，用大火将水分逼出，再转中小火熬煮，并加入少许盐调味。再放入烤箱，以150℃烘烤10～15分钟，烤干即可。

Tips 可一次制作好大量的凤梨干，放在冰箱冷藏备用。

2 将虾仁分成两部分，一部分切碎，一部分切块，增加口感，加入30g凤梨干、蛋清、香菜末，再加入姜末、米酒、盐，以及少许荸荠粉拌匀，揉成圆球。

Tips 也可以将虾浆做成虾饼等形式，冷冻备用，可随时拿出来料理。

3 热锅后加入油，放入虾球，中小火煎熟即可起锅。

4 食用时，可以再切小块新鲜凤梨搭配，风味更佳。

扫码看视频

泰式干贝

干贝是低脂肪且富含蛋白质的食材，每100g可以提供约13g的蛋白质，热量却只有57kcal。在日本料理店或是铁板烧餐厅，常有机会可以品尝到北海道生食等级的干贝，可说是相当健康美味又营养。

总热量372kcal | 蛋白质40.7g | 脂肪15.2g | 碳水化合物24g

材料

干贝 300g	芥花油 15ml

泰式酱汁配料

蒜 15g	柠檬汁 30ml
香菜 40g	鱼露 3ml
辣椒 5g	砂糖 10g

做法

1 调制泰式酱汁：将蒜、香菜、辣椒切末，加入柠檬汁、鱼露、砂糖拌匀即可。

2 将干贝退冰，并将表面水分擦干。

3 热锅后加入油，将干贝放入锅中，用中火煎至呈现微微金黄色，再翻面煎至八分熟，即可起锅。

Tips 选择生食等级的干贝，煎的时候不要煎太熟，七八分熟就很好吃了。

4 盛盘，淋上泰式酱汁即可。

Tips 干贝直接干煎就相当美味，或是用水烫过即可上桌，快速简单。也可加黑胡椒粉调味。

凉拌章鱼

章鱼是富含蛋白质的海鲜，每100g中含有13g的蛋白质，而且只有61kcal热量，还包含了丰富的维生素B_{12}，是减脂期可以好好利用的食材。简单凉拌与调味，即能享受营养美味。

总热量 **463**kcal | 蛋白质**54.6**g
脂肪**12.8**g | 碳水化合物**35.7**g

材料

章鱼 400g
姜 20g
小黄瓜 100g
辣椒 10g
蒜 20g
万用醋（调和醋）40ml
香油 10ml

做法

1 煮一锅热水，将整只章鱼下锅，并加入少许盐煮熟。

Tips 章鱼千万不要切开后才汆烫，避免缩太小并且过硬。

2 将小黄瓜切片，蒜切末，辣椒和姜切丝。

3 将全部食材拌匀，再加入万用醋和香油调味即可。

PART 6

肉类料理

不喜欢鸡胸肉干柴的口感怎么办？

除了鸡胸肉还可以选择哪些低脂肉类？

各式肉类皆富含蛋白质，但脂肪含量差异大，

需要谨慎挑选，避免热量超标。

跟着安妈，用鸡肉、猪肉、牛肉做出20道低脂高蛋白肉类料理。

鸡肉饼

总热量97kcal | 蛋白质13.6g | 脂肪3.6g | 碳水化合物2.5g

*每片100g（不含煎肉的油）

鸡胸肉是低脂高蛋白的食材，每100g可提供23g左右的蛋白质，热量仅有117kcal，是许多减脂、健身族的必备食材。其中的支链氨基酸（BCAA）丰富，对于合成肌肉是非常重要的营养素。

鸡胸肉脂肪低，如果没有料理好就会有非常干柴的口感。这道鸡肉饼经过安妈的巧妙设计，将鸡胸肉与鸡腿肉以4：1的比例搭配，兼顾口感与营养，热量不超标。另外还加入了虾仁，提升蛋白质含量并兼顾风味；加入了圆白菜、洋葱、胡萝卜，增加膳食纤维的摄取量。

材料（约可做15片，100g/片）

鸡胸肉（去皮）600g　蒜 10g　鸡腿肉 150g

洋葱 60g　虾仁 200g　圆白菜 250g

青葱 30g　姜 5g　青蒜 30g

胡萝卜 20g　初榨橄榄油 10ml　盐 适量

香油 5ml　白胡椒粉 适量

做法

1 鸡胸肉去皮，和鸡腿肉一同放入调理机搅拌成泥。

2 虾仁去除肠泥，稍微剁小块，保留口感。

3 将青葱、青蒜切小段，胡萝卜、洋葱切小丁，圆白菜切丝，姜磨碎，蒜切末。

4 将步骤1～3的食材混合，加入所有调味料，搅拌均匀，捏成圆饼。

5 热锅后加入油，将鸡肉饼双面煎熟即可。

Tips 鸡肉饼很适合作为常备料理，放于冰箱冷冻备用，想吃时拿出来煎一下，随时补充蛋白质。

营养师建议

鸡腿肉的脂肪含量多、热量也最高，脂肪主要分布在皮，如果想要减少热量，可以将皮去除再食用。

每100g	热量	蛋白质	脂肪	糖类物质
鸡胸肉	117kcal	23.3g	1.9g	0.6g
鸡腿（完整带骨鸡腿）	172kcal	18g	10.5g	0g
鸡腿（大腿）	157kcal	18.5g	8.7g	0g
鸡腿（小腿）	150kcal	18.9g	7.7g	0g

鸡肉豆腐煲

除了动物性蛋白，也要记得补充植物性蛋白，于是安妈就设计出这道鸡肉豆腐煲，简单又快速，可以一次吃到两种蛋白质。

嫩豆腐和老豆腐都是优质的植物性蛋白来源，制作的方式也很类似，差别在于含水量和凝固剂，嫩豆腐含水量较高，蛋白质与钙质含量较低，但是热量也较低，每100g仅有51kcal热量，而且口感比较滑嫩，是减脂期间增加饱足感的好食材。

总热量 632kcal | 蛋白质54.7g | 脂肪29.2g | 碳水化合物31.3g

材料

鸡肉饼 200g（P124）	蒜 15g	嫩豆腐 400g
辣椒 3g	洋葱 50g	青蒜 20g
胡萝卜 20g	米糠油 10ml	青葱 20g
盐 适量		

做法

1 洋葱、胡萝卜切碎丁，嫩豆腐切小块，蒜切末，青葱、辣椒、青蒜切小段。

2 热锅后加入油，加入蒜末、洋葱、胡萝卜炒香。

3 接着放入豆腐，煎至豆腐出水后，加盐调味。

4 将鸡肉饼捏成小球，放入锅中，小火慢煮。

5 起锅前加入葱花、青蒜、辣椒即可。

安妈提示

利用P124的鸡肉饼，可以延伸出许多变化料理，除了搭配番茄、豆腐，也可以搭配白菜、娃娃菜等食材，变化出多种美味。

番茄鸡肉丸

鸡肉丸是利用P124的鸡肉饼变化而来的，不添加淀粉，所以做出来的形状不太规则，但是可以减少碳水化合物的摄取，再搭配上番茄，增加番茄红素的摄取，成为一道营养又美味的料理。运用常备鸡肉饼制作，简单又快速，即使忙碌时也能享受低脂又健康的美味。

总热量587kcal | 蛋白质60g
脂肪24.1g | 碳水化合物36.2g

材料

鸡肉饼 400g（见P124）	香菜 20g
番茄 400g	初榨橄榄油 10ml
洋葱 70g	盐 适量

做法

1 洋葱、番茄、香菜切碎。

2 将P124的鸡肉饼捏成团。

3 热锅后加入油，放入洋葱炒软，再加入番茄，炒成糊。

Tips 也可以直接将番茄、洋葱小火慢煮，更加快速。

4 加入盐，放入鸡肉丸，煮熟。

5 起锅前撒上香菜即可。

扫码看视频

罗勒鸡丁

这是从P124的鸡肉饼延伸变化出的第三道料理，一道鸡肉饼就能做出那么多花样，真是太划算了！难怪安妈会大力推荐将鸡肉饼作为冰箱常备食材。

鸡胸肉搭配上罗勒以及洋葱，增加植化素的摄取。煎煮这道料理时，要控制好油量，享受美味的同时，也能避免热量超标。

总热量**523**kcal | 蛋白质**56.2**g
脂肪**23.3**g | 碳水化合物**24.3**g

材料

鸡肉饼 400g（见P124）
洋葱 50g
蒜 20g
盐 适量
味醂 5ml
辣椒 5g
罗勒 20g
葵花子油 10ml
白胡椒粉 适量

做法

1 将鸡肉饼取出，退冰，打散。
2 洋葱、蒜、辣椒切末。
3 热锅后加入油，加入蒜末、辣椒、洋葱爆香。
4 加入鸡肉饼炒熟，再加入全部调味料。
Tips 原本的鸡肉饼已经调味过，所以这里只要加少许调味料即可。
5 起锅前加入罗勒即可。

宫保鸡丁（低脂版）

市面上的宫保鸡丁料理，因为做法不同、使用的鸡肉部位不同，热量差距甚大。如果使用油脂含量较高的鸡腿肉，再用大量的油脂爆炒，最后再勾芡、撒上花生米，光是想想就觉得美味极了，但是热量也高到让人无法想象。

这一改良版的宫保鸡丁，以低脂的鸡胸肉加上蛋清抓腌，并控制油量、避免勾芡，既能补充蛋白质又能安心食用。

总热量**649**kcal | 蛋白质**83.2**g | 脂肪**25.2**g | 碳水化合物**30.3**g

材料

鸡胸肉（去皮）300g
蛋清 40g（1颗）
青葱 30g
黑胡椒粉 适量
盐 适量
酱油膏 10ml
干辣椒 30g
蒜 20g
芥花油 10ml
辣油 5ml
白醋 20ml

做法

1 鸡胸肉切小块，加入黑胡椒粉、蛋清、盐抓腌均匀，静置3小时。

Tips 鸡胸肉抓腌后静置一晚，可使鸡肉更软嫩。

2 青葱、干辣椒切段。

3 热锅后加入油，以小火将蒜和干辣椒煸香，盛起备用。

Tips 干辣椒泡水软化后擦干，以小火煸炒，可让香气更足。

4 放入鸡胸肉，拌炒至八分熟，加入蒜、干辣椒，再加入酱油膏和辣油拌炒。

5 起锅前，加入葱段与少许白醋即可。

豆皮鸡胸肉

鸡胸肉、豆皮、毛豆都是很好的蛋白质来源，这道料理结合了这三大优秀食材，一次摄取到动物性蛋白与植物性蛋白，美味又方便。

总热量659kcal | 蛋白质83.5g | 脂肪26.8g | 碳水化合物14g

材料

鸡胸肉 200g
豆皮 80g
熟毛豆仁 50g
鸡蛋 55g（1颗）
白胡椒粉 适量
味醂 5ml
青葱 30g
胡萝卜 30g
葵花子油 10ml
盐 适量
盐麹 20ml

做法

1 鸡胸肉切小块，用盐麹抓腌，静置1～2小时。
2 豆皮切大块，胡萝卜切小块，青葱切成葱花。
3 将豆皮裹上加盐调味过的蛋液。
4 热锅后加入油，小火将豆皮煎至微焦，盛起备用。
Tips 因为要控制油量，必须以小火慢煎，耐心用时间换取美味。
5 热锅后加入油，放入鸡胸肉、胡萝卜块拌炒至熟。
6 加入熟毛豆仁、豆皮拌炒，加入白胡椒粉、味醂调味，起锅前撒上葱花。

鸡胸肉蛋卷

只要稍微运用一些巧思，就能变化出吃不腻的鸡胸肉料理。将蛋皮与鸡胸肉结合，带来更丰富的变化与口感。有这样爱料理的妈妈，真的很幸福。

总热量581kcal | 蛋白质68.7g | 脂肪28.4g | 碳水化合物11.9g

材料

鸡胸肉（去皮）200g
胡萝卜 20g
鸡蛋 55g（1颗）
初榨橄榄油 10ml
香菜末 20g
牛奶 10ml
盐 适量

蛋皮材料

鸡蛋 110g（2颗）
玉米粉 5g
牛奶 10ml

做法

1 制作蛋皮。在牛奶中加入玉米粉，搅拌均匀后再打入鸡蛋拌匀。

Tips 蛋皮需要少许淀粉才能成形，但要控制分量。

2 在锅中加入少许油，倒入步骤1的蛋液，以小火煎成薄蛋皮备用。

3 鸡胸肉去皮，切成末，胡萝卜切末，加入盐、牛奶、鸡蛋、香菜末，搅拌均匀。

4 热锅后加入油，将步骤3的食材放入，煎至半熟，盛起。

5 将步骤2的蛋皮铺平，放上步骤4的食材，轻轻包覆起来，放入锅中干煎至熟即可。

豆皮鸡卷

市面上贩售的鸡卷，大多鸡肉含量不高，而且以油炸居多，较难安心食用。自己制作时，可以选用好食材，并控制所需的营养素，更为健康。这道料理用豆皮搭配鸡胸肉，同时补充动物性蛋白与植物性蛋白，满足蛋白质需求。

总热量 **603**kcal | 蛋白质 **75.3**g | 脂肪 **26.8**g | 碳水化合物 **15.8**g

材料

鸡胸肉 200g
洋葱 50g
薄豆皮 80g
米糠油 10ml
黑胡椒粉 适量
青葱 30g
胡萝卜 20g
鸡蛋 55g（1颗）
盐 适量

做法

1 将鸡胸肉绞碎备用。鸡蛋打成蛋液。
2 洋葱、胡萝卜、青葱切成末。
3 热锅后加入油，加入步骤2的食材拌炒爆香，再加入蛋液、鸡胸肉拌炒，最后加入盐和黑胡椒粉调味。
4 将干的薄豆皮铺平，放上步骤3的食材，再将豆皮卷起。
5 热锅后加入油，以小火慢煎豆皮鸡卷至熟即可。

Tips 因为用油量较少，要有耐心以小火煎熟，并且一直翻面，避免烧焦。或是盖上锅盖，加速焖熟速度。

榨菜炒鸡胸肉

榨菜炒肉丝好吃又下饭。这道料理我们将猪肉丝换成鸡胸肉，减少油脂的摄取量。榨菜的热量虽然很低，每100g只有19kcal，但因钠含量比较高，仍应注意摄食分量。

总热量616kcal | 蛋白质80.3g | 脂肪24.7g | 碳水化合物18.3g

材料

鸡胸肉（去皮）300g
鸡蛋 55g（1颗）
榨菜 80g
青葱 30g
蒜 20g
初榨橄榄油 15ml
辣椒 3g
酱油膏 15g
白胡椒粉 适量
盐 适量

做法

1 鸡胸肉去皮切成丝，加入打散的鸡蛋液、盐、白胡椒粉、酱油膏，抓腌均匀，静置约1小时。

2 蒜切末，辣椒切小段，青葱切葱花。

3 榨菜切成细丝，浸泡在水中，稀释盐分。

Tips 榨菜尽量购买能自己手切的，品质会比较好。

4 热锅，不用加油，放入拧干的榨菜，将榨菜炒至有香气，盛盘备用。

5 热锅后加入油，将鸡胸肉炒至八分熟，加入蒜末、辣椒，再加入榨菜拌炒，起锅前加入葱花。

凉拌鸡丝

这道凉拌鸡丝做法非常简单，连厨艺新手都能轻松制作。自己料理的好处就是能避免过油或过咸，很适合在炎炎夏日里大口享用，清爽消暑又营养。

低脂高蛋白质的鸡胸肉，搭配含植物性蛋白的腐竹，可充分满足人体对蛋白质的需求。腐竹与豆皮制作方式相似，差别在于干燥时的方法不同，两者营养价值相同，皆能够提供优质的蛋白质。这道料理主要的关键在于油量的控制，才能让美味与营养兼顾。

总热量683kcal | 蛋白质92.6g | 脂肪24.7g | 碳水化合物26.1g

材料

鸡胸肉（去皮）300g

蒜 5g

洋葱 80g

酱油膏 20ml

白胡椒粉 适量

香菜 20g

腐竹 80g

辣椒 2g

辣油（或香油）10ml

做法

1 将鸡胸肉浸泡在盐水中约20分钟。

2 将水煮开，放入鸡胸肉，汆烫3分钟。关火，盖上锅盖，将鸡胸肉闷熟。

3 蒜、香菜、辣椒切成末。洋葱切成丝，浸泡在冰水中。腐竹煮熟，切丝。

4 将鸡胸肉撕成丝，加入所有食材与调味料，拌匀即可。

安妈提示

腐竹和豆皮可以随喜好自行替换，也可以再加入小黄瓜丝，或是在夏季加入盛产的绿竹笋丝，增加口感（见视频）。

扫码看视频

炒鸡胗

很多人以为减脂期不能吃内脏，其实只要选对部位，一样可以安心食用。鸡胗是低脂高蛋白质的食材，每100g中热量只有89kcal，可以提供16.6g左右的蛋白质，脂肪只有2g，只要分量控制得宜，在减脂期间也是很好的食材。

总热量578kcal | 蛋白质71.2g | 脂肪21.8g | 碳水化合物22.4g

材料

鸡胗 400g
蒜 20g
姜 10g
白胡椒粉 适量
酱油 20ml
辣椒 5g
牛油果油 15ml
酱油膏 30ml
盐 适量

做法

1 煮一锅开水，加2匙盐，放入鸡胗烫煮，约45分钟。

Tips 鸡胗一定要处理干净，口感软硬可依个人的喜好调整烫煮时间。或是煮软后再切片炒。

2 蒜和姜切片。

3 热锅后加入油，放入蒜片、姜片、辣椒爆香，再加入烫熟的鸡胗，中火拌炒一下，再加入酱油和酱油膏拌炒入味。

Tips 也可以在炒鸡胗之前先炒一些白洋葱片，增加甜味，再放入烫熟的鸡胗和爆好的香料拌炒。

4 起锅前加入白胡椒粉即可。

扫码看视频

香煎鸡腿

虽然鸡腿的油脂含量比鸡胸高，不过仍然是好的蛋白质来源，我建议吃四次鸡胸肉后，吃一次鸡腿肉，以这样的食用频率来控制食用分量。或是在吃到鸡皮的那天，就不吃坚果，降低油脂摄取量。只要分量控制得宜，任何食材在减脂期间都是可以食用的，我们要的是能够长期坚持的饮食习惯，而不是餐餐压抑自己，只吃水煮的食物。

总热量 643kcal | 蛋白质43.2g
脂肪50.7g | 碳水化合物0g

材料

鸡腿（带皮）300g　　盐 适量
黑胡椒粉 适量

做法

1 在鸡腿表面划上直刀、横刀。
2 热锅后不用加油，直接将鸡腿有皮的一面朝下放入锅中，盖上锅盖，中火慢煎至鸡皮微焦，再翻面。
Tips 盖上锅盖会比较快熟。
3 煎熟后，撒上盐和黑胡椒粉即可起锅。

香卤牛腱

牛腱热量比猪腱更低，每100g热量仅有139kcal，可以提供将近20g的蛋白质，脂肪也只有6g，在营养学分类上算是低脂肉类，也可以作为补充蛋白质的好食材。

总热量**949**kcal | 蛋白质**124.6**g

脂肪**36.1**g | 碳水化合物**23.7**g

材料

牛腱 600g
辣椒 3g
洋葱 50g
米糠油 10ml
姜 10g
豆瓣酱 10ml
酱油 60ml

做法

1 牛腱用热水汆烫后，洗净备用。

2 洋葱切丝，姜切片，辣椒切末。

3 热锅后加入油，放入姜片、辣椒、洋葱、豆瓣酱爆香，再加入酱油、牛腱，炒至有酱香味。

4 加水，大火煮沸后转小火，将牛腱卤至熟透，约1小时。

Tips 卤炖过程中要不时将肉翻面，以免烧焦影响口感。卤炖后吃不完可以冷冻保存，搭配其他食材，变化出多种料理。

炒牛肚

其实有些内脏部位可以提供蛋白质，而且热量不高，牛肚就是其中之一。每100g的牛肚热量仅有56kcal，可以提供11.4g的蛋白质，而脂肪低于1g，在减脂期间也很适合用来补充蛋白质。

总热量414kcal | 蛋白质53.9g | 脂肪13.8g | 碳水化合物18.6g

材料

牛肚 400g
豆芽菜 100g
姜 40g
蒜 20g
白醋 5ml
白胡椒粉 适量
青葱 40g
辣椒 5g
米糠油 10ml
米酒 15ml
酱油膏 15ml

做法

1 青葱切段，姜切片，蒜、辣椒切末。

2 烧开一锅水，放入姜片、米酒、牛肚，煮约1小时，将牛肚煮软，去除腥味。煮好放凉，切成薄片。

Tips 牛肚的烹煮时间可依个人喜欢的口感调整。煮好后可放在冰箱冷冻备用，也可以卤香，想吃时拿出来炒，快速方便。

3 热锅后加入油，放入姜片、蒜末、辣椒爆香，放入牛肚炒至微干，加入酱油膏拌炒一下，转小火，加入豆芽菜拌炒。

4 起锅前，加入白醋、白胡椒粉、葱段拌炒，即可盛盘。

牛肉蛋饼

用蛋皮代替面粉皮，再包入牛腱肉，让蛋白质成为主角，美味的减脂好帮手就完成了！

总热量557kcal | 蛋白质55.1g
脂肪22g | 碳水化合物34.9g

材料

卤牛腱 200g（见P145）	香菜 20g	小黄瓜 20g
鸡蛋 110g（2颗）	胡萝卜 40g	高筋面粉 15g
青蒜 10g	牛奶 30ml	

做法

1 将卤牛腱退冰，再切成片。

2 小黄瓜、胡萝卜、青蒜切丝，香菜切末。

3 鸡蛋打散，加入牛奶、面粉，搅拌均匀。

4 热锅，不加油，用刷子将步骤3的面糊在锅中薄薄刷上一层，小火慢煎熟，盛起备用。

5 将卤牛腱、小黄瓜、胡萝卜、青蒜、香菜铺在蛋皮上，卷起即可。

Tips 小黄瓜先用盐抓腌，胡萝卜可先汆烫过，口感更好。

凉拌牛腱

很多人肚子饿时，容易随手抓起零食充饥，如果冰箱里有一些常备好食材可以快速料理，就能避免这样的情形。空闲时，不妨将牛腱、猪腱先卤起来，冷冻备用，让日常料理变得轻松。

总热量551kcal | 蛋白质59.3g

脂肪25.9g | 碳水化合物20.4g

材料

卤牛腱 300g（见P145）	青葱 30g
蒜 20g	香菜 20g
辣椒 10g	酱油膏 适量
香油 10ml	黑胡椒粉 适量

做法

1 将卤牛腱退冰，再切成片。

2 蒜切片，辣椒、青葱切丝，香菜切段。

3 将所有食材盛盘，用酱油膏、黑胡椒粉、香油调味即可。

Tips 还可以自行搭洋葱丝、小黄瓜丝，丰富口感。

番茄卤牛腱

牛腱搭配番茄，就是美味的保证，还可以增加膳食纤维、番茄红素的摄取。不需要高超的厨艺，就能完成这道料理，请务必试试看！

总热量730kcal | 蛋白质77.7g
脂肪31.4g | 碳水化合物33.1g

材料

卤牛腱 400g（见P145） 青葱 30g 番茄 150g
初榨橄榄油 10ml 洋葱 50g 盐 适量
味醂 10ml

做法

1 番茄切大块，洋葱切丝，青葱切葱花，卤牛腱切片。
2 热锅后加入油，放入洋葱炒至熟透，再放入番茄炒至糊状。
3 加入卤牛腱拌炒，加盐和味醂调味，起锅前撒上葱花。

安妈提示

这道料理也能加入魔芋面，简单又快速地完成一餐，有碳水化合物、蛋白质、维生素及膳食纤维，营养均衡。

椒盐腰内肉

因为猪肉的饱和脂肪酸含量普遍比较高，所以我们家会控制猪肉在餐桌出现的频率。直到安妈减脂稍有成效，才开始出现猪肉料理，但须慎选部位，可选择相对低脂的腰内肉。

腰内肉就是猪小里脊，每100g提供21g的蛋白质，脂肪只有5.4g，算是低脂肉类，吃腻鸡肉了，也可以选择吃腰内肉。

总热量**608**kcal | 蛋白质**72.2**g
脂肪**30.4**g | 碳水化合物**9.3**g

材料

腰内肉 300g	蒜 20g
鸡蛋 55g（1颗）	辣椒 5g
青葱 30g	米糠油 10ml
姜 10g	盐 适量

做法

1 青葱、姜、蒜、辣椒切成末。腰内肉切薄片。

2 将鸡蛋磕入碗中，加入盐，搅打均匀，再放入腰内肉，抓腌均匀。

Tips 腰内肉在快解冻的状态比较好切，尽量切薄一点，才能熟得比较快。

3 热锅后加入油，将抓腌的腰内肉炒至半熟，盛起备用。

4 放入蒜末、辣椒末、姜末爆香，再加入腰内肉拌炒至熟。

5 起锅前，加入葱末即可。

香卤猪腱肉

猪腱肉每100g的热量有176kcal，可提供19g的蛋白质，也是优质的蛋白质来源。但是吃的时候也不能无限制，还是要控制分量。

总热量**993**kcal | 蛋白质**82.8**g | 脂肪**51.7**g | 碳水化合物**40.3**g

材料

猪腱肉 400g	姜 15g	洋葱 80g	辣椒 5g
青葱 30g	蒜 10g	初榨橄榄油 10ml	酱油 40ml
酱油膏 15ml	豆瓣酱 5ml	米酒 150ml	

做法

1 猪腱肉以热水汆烫后，捞起备用。

2 洋葱切块，青葱、辣椒切末，姜切片，蒜切片。

3 热锅后加入油，加入葱末、姜片、蒜末、洋葱爆香，再加入辣椒、酱油、酱油膏、豆瓣酱，炒香。

4 加入整块猪腱肉，拌炒一下，让酱香入味后，加入米酒与适量的水，盖上锅盖，中火卤炖约40分钟即可。

Tips 卤炖时要不时将肉翻面，以免烧焦影响口感。

5 食用前再切片盛盘。

Tips 吃不完的可以冷冻保存，再搭配其他食材烹制百变料理。

扫码看视频

甜椒猪腱

利用P152的卤猪腱，延伸制作出这道料理。可利用空闲时，将猪腱肉卤好放于冰箱冷冻保存备用，想吃的时候拿出来稍微炒一下就可以上菜了。这也是快速补充蛋白质的小技巧。不过在炒猪肉时，一定要注意油量的控制，才不会不小心让热量超标。

总热量**679**kcal | 蛋白质**51.2**g
脂肪**35.8**g | 碳水化合物**34.7**g

材料

卤猪腱 300g（见P152）
青葱 30g
甜椒 60g
白胡椒粉 适量
洋葱 50g
初榨橄榄油 5ml
盐 适量

做法

1 将卤猪腱取出，退冰，切成片。
2 甜椒和洋葱切成丝，青葱切段。
3 热锅后加入油，放入洋葱炒香，再加入甜椒和青葱拌炒，放入卤猪腱炒热。
4 加入盐和白胡椒粉调味即可。

安妈提示

可以自行替换蔬菜食材，像是甜豆、豌豆等，或是加入毛豆，增加蛋白质含量，下班回家也能快速补充营养。

PART 7

蔬菜类料理

减脂期可不能天天都吃烫青菜！
选择不同颜色的蔬菜类食材，
运用香卤、清炒、凉拌等料理方式，
餐餐都能吃出美味新变化！

蒜炒金针菇娃娃菜

想要缩短料理时间、快速摄取多种食物的营养素，可搭配各式蔬菜和菇类混炒，一盘料理就能获得丰富营养。

金针菇可增加膳食纤维，气味清香，很适合和其他蔬菜搭配拌炒。娃娃菜、大白菜、小白菜都是同家族但不同类别的蔬菜。在营养成分上，娃娃菜的膳食纤维含量稍微高一些，也含有多种微量元素，如钾、钙、镁等，对于人体的生理代谢也很有帮助。

总热量**327**kcal | 蛋白质**15.7**g | 脂肪**15**g | 碳水化合物**44.7**g
膳食纤维**16.6**g

材料

娃娃菜 300g
金针菇 200g
辣椒 2g
米糠油 15ml
盐 适量
青蒜 20g
木耳（泡发）20g
胡萝卜 20g
蒜 15g

做法

1 将娃娃菜洗净，切成小片，木耳、胡萝卜、辣椒切丝，蒜切末，青蒜切末。
Tips 可视个人喜欢的软硬度，将娃娃菜切成适合大小。

2 热锅后加油，加入蒜末、辣椒、胡萝卜丝爆香，放入娃娃菜炒至软，再加入金针菇。

3 加入盐调味，拌炒均匀，起锅前，再加入青蒜即可。

清炒百合甜豆

百合属于淀粉含量较高的蔬菜类，每100g有132kcal热量，热量不算太低，但富含了多种营养素，包括蛋白质、膳食纤维、钾、维生素C等，建议将它作为配角点缀在料理中，既能适量食用又能补充营养。甜豌豆荚属于蔬菜，热量低，富含多种营养成分，可以作为分量较多的餐盘主角。

总热量**326**kcal | 蛋白质**12.3**g | 脂肪**14.7**g
碳水化合物**45.4**g | 膳食纤维**12.5**g

材料

甜豆 300g
百合 50g
甜椒 40g
黑胡椒粉 适量
蒜 20g
葡萄籽油 10ml
盐 适量

做法

1 将甜豆去蒂和粗纤维，百合轻轻剥成片，甜椒切成丝，蒜切片。

2 热锅后加入油，放入蒜片炒香后，放入百合拌炒至半熟，

3 加入少许水，加入甜豆拌炒，再加入甜椒拌炒至熟。

Tips 甜豆可以根据喜爱吃脆口或是松软口感，可以自行调整拌炒时间。

4 加入盐和黑胡椒粉调味并拌炒均匀，即可起锅。

凉拌黄豆芽

这道料理简单方便，很适合作为冰箱常备菜。料理的关键在于掌握调味的香油与醋的分量，控制好热量才不会超标。

黄豆芽算是碳水化合物含量低的蔬菜，100g中只有2.5g的碳水化合物，而有2.7g膳食纤维，将近5.4g蛋白质，以蔬菜类的蛋白质含量来说，算是优等生，对在执行低糖饮食的人来说，是很好的食材。

总热量303kcal | 蛋白质23.6g
脂肪7.9g | 碳水化合物54.1g
膳食纤维12.9g

材料

黄豆芽 400g	辣椒 5g
蒜 20g	香菜 20g
凉拌醋 60ml	香油 3ml

做法

1 蒜、辣椒、香菜切末。

2 黄豆芽用热水汆烫后，捞出并泡于冰水中，使其脆口。

Tips 有时间的话，将豆芽尾须去除，口感会更好。

3 将黄豆芽沥干，加入蒜末、辣椒末、香菜末，再用凉拌醋和香油调味即可。

凉拌海带芽

凉拌海带芽是韩式料理中常见的小菜，自己在家也能轻松制作。营养素相当丰富的海带芽，膳食纤维含量高，还含有矿物质钾、钙、镁，以及维生素B_{12}和叶酸等，这些都是深色蔬菜能够提供的好处。不过它的钠含量及糖分也比较高，必须控制食用量。

总热量**352**kcal | 蛋白质**24.9**g
脂肪**5.9**g | 碳水化合物**77.5**g
膳食纤维**36**g

材料

海带芽 100g
蒜 20g
嫩姜 20g
香油 5ml
青蒜 20g
辣椒 5g
凉拌醋 50ml

做法

1 将蒜、辣椒切末，嫩姜、青蒜切丝。
2 将海带芽浸泡在常温饮用水中，约5分钟。
3 将海带芽沥干，加入步骤1所有材料，加入凉拌醋、香油，调味拌匀即可。

Tips 海带芽要尽可能沥干，不要残存水分，会比较容易入味。

塔香茄子

塔香茄子是餐厅常见的家常菜。自己料理的好处是可以控制油量，也是这道料理的关键。茄子是很会吸油的蔬菜，如果油量过多，就会让热量不小心超标。建议可以先以蒸或烤的方式烹煮，再用油炒，或是减少油量，小火耐心慢煎。

茄子每100g只有20kcal热量，有丰富的膳食纤维，还含有钾离子等，对于控制血压也很有帮助，而紫色的外皮也有抗氧化物质，是相当好的食材。

总热量**215**kcal | 蛋白质**8.2**g | 脂肪**10.6**g
碳水化合物**31.9**g | 膳食纤维**13.5**g

材料

茄子 400g
蒜 15g
罗勒 50g
酱油膏 10ml
辣椒 3g
芥花油 10ml
豆瓣酱 5ml

做法

1 蒜、辣椒切末。

2 将茄子切段，浸泡在盐水或醋中，防止变黑。

Tips 使用麻薯茄会更好吃喔！

3 热锅中加入油，放入茄子，小火慢煎至熟后，盛起备用。

Tips 因为要控制油量，所以要有耐心，小火慢煎，才容易熟透。也可以在茄子上划刀，更快熟。

4 在锅中加入蒜末、辣椒末爆香，再加入豆瓣酱、酱油膏拌炒，可加少许水调整，放入茄子拌炒至收汁，加入罗勒即可盛盘。

海鲜菇炒水莲

水莲不但热量低，还含有丰富的矿物质钾（229mg/100g），对于稳定血压很有帮助。水莲富含铁（3.7mg/100g），对于想要多补充铁质的女性朋友，是很好的选择。这道料理搭配上含有丰富膳食纤维（3.4g/100g）的海鲜菇，可以增加饱足感。

总热量179kcal | 蛋白质8.6g
脂肪11.1g | 碳水化合物19g
膳食纤维12g

材料

海鲜菇 200g
水莲 200g
甜椒 60g
蒜 20g
米糠油 10ml
盐 适量

做法

1 蒜切末；水莲、甜椒洗净切成适口大小。
2 热锅后加入10ml的米糠油，放入蒜末爆香，加入海鲜菇炒熟。
Tips 海鲜菇要先炒熟，才不会有浓浓的菇味。
3 加入水莲拌炒一下，加盐调味。
4 放入甜椒，加少许水，盖上锅盖焖煮一下，开盖即可盛盘享用。

蒜炒菇菇丑豆

丑豆属于蔬菜类的食材，每100g只有26kcal热量，含有丰富的膳食纤维。这道料理再加入杏鲍菇，能够增加膳食纤维以及植物多糖的摄取。

总热量**267**kcal | 蛋白质**11.9**g
脂肪**10.2**g | 碳水化合物**41.1**g
膳食纤维**13.7**g

材料

丑豆 300g
杏鲍菇 200g
胡萝卜 40g
黑胡椒粉 适量
蒜 20g
葡萄籽油 10ml
盐 适量

做法

1 丑豆去蒂和粗纤维，杏鲍菇、胡萝卜切丝，蒜切末。

2 热锅后，不用加油，直接放入杏鲍菇丝，干炒至水分消失，盛起备用。

Tips 杏鲍菇一开始炒的时候会出水，将水分炒干不仅会更好吃，也能减少菇腥味。

3 热锅后加入油，放入蒜末、胡萝卜丝炒香，再放入丑豆稍微拌炒后，加入少许水，盖上锅盖焖煮至丑豆熟软。

4 加入杏鲍菇拌炒，再加入盐、黑胡椒粉调味即可盛盘。

蒜炒甜椒四季豆

四季豆虽然属于蔬菜，但是其蛋白质含量比一般蔬菜还要高一些（1.7g/100g），虽然不能与蛋白质类的食物相比，但是也不无小补。四季豆的热量也很低（23kcal/100g），还含有铁质（3.2mg/100g），算是蔬菜中的优等生。搭配上红黄甜椒，不仅可以为料理增色，还能增加植化素的摄取，像这样的料理就可以多吃一点。

总热量194kcal | 蛋白质6.8g
脂肪9.9g | 碳水化合物23.8g
膳食纤维7.5g

材料

四季豆 300g	蒜 20g
甜椒 40g	米糠油 10ml
盐 适量	黑胡椒粉 适量

做法

1 四季豆去蒂和粗纤维，再切成7～8cm的段。

2 甜椒切成适口大小，蒜切小块。

3 热锅后加入油，放入蒜块爆香，加入四季豆炒熟后，再加入甜椒拌炒。

Tips 甜椒熟得快，所以要先将四季豆炒熟再放入甜椒。

4 用盐和黑胡椒粉调味即可。

酱卤冬瓜

冬瓜是低钠高钾的蔬菜，可以帮助稳定血压，热量也非常低（9kcal/100g），想要控制体重时，可以摄取冬瓜来增加饱足感。冬瓜含有维生素C，对于抗氧化也有帮助，制作时要注意调料的用量，控制好的话就是一道非常营养健康的料理。

总热量**298**kcal | 蛋白质**8.2**g
脂肪**14.6**g | 碳水化合物**39.5**g
膳食纤维**8**g

材料

冬瓜 600g
青葱 30g
胡萝卜 30g
葵花子油 15ml
姜 30g
酱油 50ml
酱油膏 15ml

做法

1 冬瓜、胡萝卜切成适当大小，姜切片，青葱切成葱花。

2 热锅后加入油，再加入姜片、冬瓜、胡萝卜拌炒，加入酱油、酱油膏，小火慢炒，再加入少许水，转小火焖煮至冬瓜软烂。

Tips 炒冬瓜时要注意酱香入味后再加水，这样才会好吃。酱油膏可以换成豆瓣酱。

3 起锅前撒上葱花即可。

扫码看视频

“一杯半”白蘑菇

常见的三杯料理好吃且下饭，但美中不足的就是调味过量，所以我们改良成这道“一杯半”白蘑菇，少了酒、减了油，多了健康，可兼顾营养与美味。

白蘑菇属于蛋白质含量较高的食材（3g/100g）。除了热量低、富含膳食纤维外，菇类还富含植物多糖，对于维持免疫力很有帮助。在控制热量期间，蘑菇也是很好的食材，能够增加饱足感，补充维生素、矿物质，并且促进代谢。

总热量**184**kcal | 蛋白质**1.2**g | 脂肪**7.9**g | 碳水化合物**23.4**g
膳食纤维**6.2**g

材料

白蘑菇 300g
罗勒 30g
蒜 15g
酱油膏 15ml
盐 适量
姜 15g
辣椒 10g
黑芝麻油 7ml
黑胡椒粉 适量

做法

1 在白蘑菇顶部划出十字。
2 蒜、姜、辣椒切末。
3 热锅后加入黑芝麻油，小火将蘑菇炒熟，再放入蒜末、姜末、辣椒末拌炒。
Tips 蘑菇以小火慢煎，煎的时候会出水，耐心把水分炒干，才会好吃。
4 加入酱油膏、盐、黑胡椒粉调味，起锅前加入罗勒拌匀即可。

蒜炒双色菜花

减脂料理当中最常见的蔬菜就是菜花了。菜花的营养成分丰富、热量低。西蓝花的蛋白质含量也很高（3.7g/100g），还含有丰富的矿物质钾、钙、镁。此外，西蓝花还富含维生素A、B族维生素及维生素C。每100g西蓝花中含75.3mg维生素C，接近每日建议摄取量100mg。西蓝花还含有多种抗氧化物质，包括含硫化合物、吲哚等。

千万不要只吃水煮的菜花，偶尔为之可以，但只吃水煮的东西是很难持续的。料理不要害怕用油炒，选择好的油脂并控制油量，长期维持稳定的饮食方式，就能发挥效果。

总热量259kcal | 蛋白质13.8g | 脂肪14.4g | 碳水化合物30.6g
膳食纤维12.8g

材料

菜花 200g	胡萝卜 20g
西蓝花 200g	蒜 15g
洋葱 40g	米糠油 15ml
香菇 40g	盐 适量

做法

1 洋葱、香菇切块，胡萝卜切片，蒜切末。

2 将菜花和西蓝花洗净并切成小朵。放入热水汆烫后，捞起泡在冰水中，冷却后再沥干水分。

3 热锅后加入油，放入蒜末爆香。

4 放入洋葱、香菇、胡萝卜拌炒，再加入菜花和西蓝花拌炒一下，加少许水，盖上锅盖，焖煮至软。

Tips 可视自己喜欢的菜花口感调整烹调时间，也可加一些彩椒点缀。

5 加盐调味，即可盛盘。

清炒绿芦笋玉米笋

玉米笋是甜玉米的幼嫩果穗，但两者在营养学分类上却不同。玉米属于淀粉类，玉米笋属于蔬菜类，所以玉米笋可以多吃无妨，但玉米应控制分量。这里并不是要比较两者的优劣，均衡才是最重要的事。

绿芦笋含有多种营养素，比如矿物质钾、镁，甚至天门冬氨酸，有助于消除神经及肌肉疲劳。芦笋还富含预防贫血的叶酸，以及帮助骨骼健康的维生素K等，营养非常丰富。

总热量**246**kcal | 蛋白质**11.4**g | 脂肪**14.8**g
碳水化合物**26.1**g | 膳食纤维**8.9**g

材料

绿芦笋 300g
胡萝卜 30g
玉米笋 200g
盐 适量
蒜 15g
青葱 30g
葵花子油 15ml

做法

1 将绿芦笋尾部纤维较粗的部分去除，再切成小段，胡萝卜、玉米笋切片，青葱切段，蒜切末。
2 热锅后加油，放入蒜末、胡萝卜爆香，加入绿芦笋和玉米笋拌炒，再加少许水，盖上锅盖焖煮。
3 开盖，加盐调味，撒上葱段即可。

卤白菜

白菜的热量极低（8kcal/100g），还含有钾、钙、镁、铁等矿物质，以及抗氧化的维生素C，多吃一些也不用担心热量超标，可带来饱足感与丰富的营养素。

这道料理也是阿嬷的拿手菜之一，不过我稍微调整了食材搭配分量，变成更为健康的版本。除了白菜，还加了木耳、草菇、香菇等食材，大家也可以自行替换成其他蔬菜，让营养摄取更为多样化。

总热量**379**kcal | 蛋白质**23.3**g
脂肪**15.3**g | 碳水化合物**65.9**g
膳食纤维**26.2**g

材料

白菜 600g	胡萝卜 40g
草菇 150g	蒜 15g
新鲜香菇 100g	香菜 30g
木耳 70g	玄米油 15ml
盐 适量	白胡椒 适量
黑醋 15ml	酱油膏 30ml

做法

1 白菜切成小块，草菇、香菇切片，木耳、胡萝卜切丝，蒜、香菜切末。

Tips 夏季可以加入绿竹笋丝，更具口感。

2 热锅后加入油，加入蒜末、胡萝卜、香菇、草菇爆香，再加入白菜拌炒，盖上锅盖焖煮。

3 开盖，加入所有调味料，起锅前加入香菜即可。

茭白炒香菇

制作蔬菜料理时，建议搭配两种以上的蔬菜，一起烹煮不仅能节省料理时间，还能同时摄取到不同食材的营养成分，可说是事半功倍。

茭白肉质白嫩，除了热量低，富含营养素外，其中叶酸含量也很丰富（62.7μg/100g），对于改善长者认知问题也很有益。

总热量**262**kcal | 蛋白质**11.4**g
脂肪**14.5**g | 碳水化合物**34.1**g
膳食纤维**15**g

材料

茭白 300g
新鲜香菇 200g
胡萝卜 20g
盐 适量
蒜 15g
青葱 20g
苦茶油 15ml

做法

1 茭白、香菇、胡萝卜切片，蒜切末，青葱切段。
2 热锅后加入油，放入蒜末、胡萝卜爆香，再加入香菇、茭白笋拌炒，加盐调味，炒至软嫩。
3 起锅前加入葱段即可。

清炒木耳绿竹笋

绿竹笋是高钾低钠的食材，对于控制血压有很好的帮助。木耳是富含膳食纤维的食材（7.4g/100g），其膳食纤维含量在众多蔬菜中属于前列，可降低血胆固醇、稳定血糖、增加饱足感。

总热量**320**kcal | 蛋白质**11.5**g | 脂肪**14.9**g | 碳水化合物**50.8**g
膳食纤维**23.2**g

材料

绿竹笋 400g	辣椒 10g
木耳 200g	青葱 30g
胡萝卜 30g	橄榄油 15ml
蒜 15g	盐 适量
酱油膏 15ml	白胡椒粉 适量

做法

1 绿竹笋带壳煮熟后，捞起放凉，切成细丝。
2 木耳、胡萝卜切丝，蒜、辣椒切末，青葱切段。
3 热锅后加入油，放入蒜末、辣椒爆香，加入绿竹笋丝、木耳丝、胡萝卜丝，拌炒至熟，加入少许盐调味。
4 起锅前，加入白胡椒粉、酱油膏调味，再拌入葱段即可。

安妈提示

绿竹笋除了切成细丝外，也可以切成片。
如果使用新鲜当季的绿竹笋，可以略过烫熟的步骤，直接下锅炒，但是记得要加入少许水，才能煮熟并释放甜味。

卤苦瓜

苦瓜的营养价值很高，其中叶酸含量（65.5μg/100g）和维生素C含量（41.5mg/100g）都有不错的表现。卤苦瓜相当嫩口，很适合牙口不好的长者。料理的关键还是在于油量与酱料的控制，避免过咸过油。

总热量**269**kcal | 蛋白质**12.2**g
脂肪**10.8**g | 碳水化合物**43.7**g
膳食纤维**16.5**g

材料

苦瓜 300g	蒜 15g	杏鲍菇 200g
青葱 30g	胡萝卜 30g	芥花油 10ml
豆瓣酱 10ml	酱油膏 15ml	

做法

1 苦瓜、杏鲍菇切块，胡萝卜切片，蒜切末，青葱切段。
2 热锅后加入油，放入苦瓜、胡萝卜、杏鲍菇，以小火慢煎，再盖上锅盖焖熟，盛起备用。
3 锅中放入豆瓣酱、蒜末炒香后，加入酱油膏，再将所有材料下锅，加水至没过食材，小火慢卤至苦瓜变软。起锅前，加入青葱段。

安妈提示

卤苦瓜时要用小火慢卤才会软嫩好吃，同时避免汤汁收干。也可以加入少许梅干菜，能带来更回甘的好味道，但注意分量不要过多。

皮蛋红薯叶

常见且便宜的红薯叶，却是相当营养的食材，膳食纤维含量高（3.3g/100g），钾、钙、镁、铁，维生素A、B族维生素、维生素C都相当丰富，同时也有护眼的叶黄素，是经济又营养的食材。搭配皮蛋还能够增加风味与蛋白质摄取，是简单又好吃的一道料理。

总热量358kcal | 蛋白质25.7g
脂肪22.3g | 碳水化合物28.5g
膳食纤维15g

材料

红薯叶 400g	蒜 15g
皮蛋 90g（2颗）	辣椒 10g
胡萝卜 30g	葡萄籽油 15ml
盐 适量	

做法

1 红薯叶洗净后沥干水分，皮蛋切成六小瓣，胡萝卜切丝，蒜、辣椒切末。

2 热锅后加入油，放入皮蛋，以小火慢煎至微焦，盛起备用。

Tips 皮蛋先以小火慢煎，更具香气，也能避免菜汤混浊。

3 锅中加入蒜和辣椒爆香，再加入红薯叶和胡萝卜丝拌炒，加入少许水，煮至红薯叶熟软，再加盐调味，最后加入皮蛋拌炒均匀，即可起锅。

韭菜花炒蛋

韭菜花热量低，除了富含多种矿物质与维生素之外，其中含有的植化素——蒜氨酸也有很好的抗氧化能力。蒜氨酸是很多蔬菜当中都含有的一种植物杀菌素，甚至有助于预防癌症。不过，并非单一成分就能有神奇功效，还是要多摄取各类不同蔬菜，才能达到食疗的保健效果。

总热量**379**kcal | 蛋白质**20.2**g | 脂肪**24.2**g | 碳水化合物**26.6**g
膳食纤维**6.3**g

材料

韭菜花 250g	青葱 30g
鸡蛋 110g（2颗）	蒜 15g
红甜椒 30g	橄榄油 15ml
盐 适量	味醂 10ml

做法

1 韭菜花、青葱切段，红甜椒切丝，蒜切成末，蛋液搅打均匀。

2 热锅后加入油，将蛋炒至半熟，盛起备用。

3 锅中放入青葱段、蒜末、红甜椒炒香，加入韭菜花、20ml的水（或高汤），再加入炒蛋拌炒。

Tips 韭菜花不要炒太久，才能保持脆口。

4 加入盐、味醂调味，即可盛盘。

姜炒红凤菜

大部分的蔬菜都有着低热量、高纤维的特性。有些蔬菜中的某些营养素含量特别高，多加了解后，可以针对自己的需要补充。

红凤菜就是铁质含量相当高的蔬菜（6.0mg/100g）。男性每日建议铁质摄取量是10mg，女性为15mg，多吃一些红凤菜就可以补足每日所需的铁质量。除了铁质外，其中的钙、镁、维生素A也是相当丰富。

总热量**203**kcal | 蛋白质**8.4**g | 脂肪**15.4**g | 碳水化合物**15.9**g
膳食纤维**10.7**g

材料

红凤菜 400g
姜 40g
黑芝麻油 15ml
盐 适量

做法

1 将红凤菜洗净，挑去粗梗，姜切成丝。

2 热锅后加入黑芝麻油，放入姜丝爆香，加入红凤菜稍微拌炒。加入少许水，盖上锅盖焖煮一下。

Tips 如果不喜欢黑芝麻油，也可以用一般的油来炒。

3 加盐调味即可。

营养师建议

铁质来源食物大部分为动物性食物，其铁质的形式为血基质铁，吸收率较高；植物性食物中的铁质则称为非血基质铁，吸收率较低，这也是为什么素食者常会出现贫血，所以一定要特别注意补充。多食用红凤菜，对于素食者是很好的选择。

上海青炒豆皮

上海青是随处可见的蔬菜，平凡却很营养，其中的钙质含量相当丰富（142mg/100g）。钙对于改善骨骼、睡眠、心肌收缩都是很重要的一种营养素。上海青的叶酸含量也相当高（85.9μg/100g），建议孕期女性多加补充，可以预防新生儿神经管缺陷。上海青还含有对黏膜健康有帮助的维生素A。这道料理加入了豆皮，能增加植物性蛋白的摄取。

总热量**288**kcal | 蛋白质**22.8**g
脂肪**17**g | 碳水化合物**18.5**g
膳食纤维**10**g

材料

上海青 300g	蒜 15g
豆皮 60g	葵花子油 10ml
胡萝卜 30g	盐 适量

做法

1 上海青洗净、茎和叶切成两段，胡萝卜、豆皮切丝，蒜切末。

2 热锅后加入油，放入豆皮，以小火慢炒至微焦，加盐调味后盛起备用。

3 热锅后加入油，放入蒜末爆香，加入胡萝卜拌炒，再放入上海青茎的部分拌炒，炒至快熟时加入叶子部分。

Tips 上海青的茎可以切成细丝先下锅，再下叶子拌炒，能让熟度比较一致，油也可以一匙分两次加入，以控制油量。

4 放入豆皮拌炒，加盐调味即可起锅。

海鲜菇炒荷兰豆

100g荷兰豆的热量仅有27kcal，蛋白质有3.7g。荷兰豆的叶酸与维生素C的含量比较高。海鲜菇富含寡糖、膳食纤维、植物多糖，同时菇类也含有矿物质硒，对于人体抗氧化也很有帮助。

总热量**304**kcal | 蛋白质**19.4**g
脂肪**16.5**g | 碳水化合物**33.4**g
膳食纤维**16.5**g

材料

荷兰豆 300g
海鲜菇 200g
胡萝卜 40g
蒜 15g
葡萄籽油 15ml
盐 适量

做法

1 荷兰豆洗净，摘除两头与粗纤维。胡萝卜切片，蒜切末。

2 热锅后，干煎海鲜菇至水分收干，盛起备用。

3 热锅后加入油，加入蒜末爆香，加入胡萝卜拌炒一下，再加入荷兰豆稍微拌炒，加盐调味，并加少许水。

4 加入海鲜菇，拌炒至熟，即可起锅。

Tips 海鲜菇也可替换成杏鲍菇等其他蘑菇。

炒莴笋

莴笋的热量相当低，每100g仅有18kcal热量，也富含多种营养成分，如维生素A和维生素C等，是减脂期的好帮手。

总热量168kcal | 蛋白质5.8g
脂肪10.2g | 碳水化合物19.6g
膳食纤维7.3g

材料

莴笋 500g
辣椒 3g
青蒜 30g
葵花子油 10ml
盐 3～5g

做法

1 将青蒜斜切成片，根部和叶子分开切小段，辣椒切小段。
2 莴笋切薄片，加盐抓拌均匀，静置15分钟，再将水分挤干。
3 热锅后加入油，先放入青蒜白、辣椒爆香，再放入莴笋拌炒（干炒即可，无须加水）。
4 起锅前加入青蒜叶，拌炒一下即可。

PART 8

汤料理

变化多样的汤品不仅暖胃暖心，
还能带来饱足感、
补充不足的营养素。
学会9道减脂汤品，
为你的餐盘营养加分。

豆皮蛋花汤

蛋花汤原本就是我们家餐桌的常客，加入豆皮一起享用，就能一次摄取到两种不同的蛋白质。牙口不好的长辈如果想补充蛋白质，选择汤会比较容易入口。

如果喝了补充蛋白质的汤品，就要把当餐的蛋白质分量扣掉，才不会让热量超标，这也是为什么在本书中，蛋白质汤品料理会少一些。不过，将富含蛋白质的汤品作为下午加餐的营养补充，也是不错的选择。

总热量**98.6**kcal | 蛋白质**9.85**g

脂肪**6.1**g | 碳水化合物**1.6**g

*以上为一碗（240ml）的营养成分

材料

豆皮 150g	青葱 30g
鸡蛋 220g（4颗）	香菜 20g
胡萝卜 30g	水 1200ml
盐 适量	香油 5ml

做法

1 胡萝卜切细丝，香菜切末，青葱切葱花。

2 豆皮切细丝，与鸡蛋混合搅拌均匀。

3 煮一锅水，水滚后加入豆皮蛋液，再加入胡萝卜丝、香菜，以香油、盐调味，起锅前撒上葱花即可。

萝卜排骨汤

“冬吃萝卜夏吃姜”，是先人的养生智慧，以现代营养学来看，也挺有道理的，补充当季新鲜的食材，是我们遵循的饮食原则之一。白萝卜热量低，还含有许多抗氧化的营养成分，如含硫化合物，糖苷类物质等，对健康有益。

以蔬菜为主要食材的汤品就比较不用担心热量超标，只要适量，就能安心享用。这道汤品的重点在于排骨的分量，完全不放会少了点滋味，安妈只用了以往四分之一的分量烹煮，增添适量风味。

总热量**30**kcal | 蛋白质**2.1**g

脂肪**1.2**g | 碳水化合物**3.2**g

*以上为一碗（240ml）的营养成分

材料

排骨 70g	香菜 40g	白萝卜 600g
水 1200ml	盐 适量	

做法

1 白萝卜切块，香菜切末。

2 以热水将排骨汆烫，再洗净备用。

3 另煮一锅水，水滚放入排骨、白萝卜，以中火炖煮约20分钟至萝卜软嫩，再加盐调味。

Tips 排骨放入后，要将表面的浮沫捞出，让汤更为清澈美味，也能减少油脂摄入。

4 起锅前，撒上香菜提味即可。

姜丝蛤蜊汤

蛤蛎热量低，含有矿物质硒，对于改善认知与免疫功能有很多益处。蛤蛎的铁质含量高，每100g有8.2mg（成人男性每日需求量为10mg、女性15mg）蛤蜊中维生素B_{12}的含量也相当高，其对于神经系统有很大的帮助。

虽然蛤蛎含有多种营养成分，但也需适量摄取。

总热量**38**kcal | 蛋白质**4.5**g
脂肪**1.7**g | 碳水化合物**2.8**g

*以上为一碗（240ml）的营养成分

材料

蛤蛎 400g
姜 50g
青葱 30g
香油 10ml
香菜 40g
水 1200ml
盐 适量

做法

1 姜切成丝，青葱切葱花，香菜切末。

2 将水煮开，放入蛤蛎，加入姜丝、盐调味，起锅前加入葱花、香菜、香油。

Tips 蛤蛎壳一打开就马上捞出，可避免煮得过老，影响口感。

番茄蔬菜汤

番茄富含番茄红素，具抗氧化能力，对心血管也很有益处，还能够保护细胞不受自由基的攻击，增强体内正常的生理功能。一般营养素受热容易被破坏，但是番茄红素加热后反而更容易被人体吸收利用。而且，番茄红素属于脂溶性营养素，与油脂一起烹调后的吸收率会更高。

总热量**42**kcal | 蛋白质**0.9**g
脂肪**1.7**g | 碳水化合物**6.7**g

*以上为一碗（240ml）的营养成分

材料

番茄 400g
洋葱 200g
圆白菜 200g
味醂 20ml
水 1200ml
米糠油 15ml
盐 适量

扫码看视频

做法

1 番茄切块，洋葱切小丁，圆白菜切末。
2 热锅后加入油，将洋葱炒至熟透，加入番茄炒至糊状，再加水，大火煮开。
3 加入圆白菜末，中火煮至汤汁浓稠，加入盐、味醂调味即可。

Tips 可以一次煮多一点，冷冻起来，随时退冰享用。加点魔芋面、打个蛋，就是方便又营养的一餐。

圆白菜排骨汤

简简单单的圆白菜汤，只要出现在餐桌上，就能增加蔬菜的摄取量。圆白菜能补充钙质，也能补充维生素C，平常蔬菜量不够，或者牙口不好的人非常适合用这道圆白菜汤补充膳食纤维。

总热量**36**kcal | 蛋白质**2.6**g

脂肪**1.2**g | 碳水化合物**4.3**g

*以上为一碗（240ml）的营养成分

材料

排骨 70g	胡萝卜 100g
圆白菜 600g	水 1200ml
盐 适量	

做法

1 圆白菜切成适口大小，胡萝卜切小块。

2 以热水将排骨氽烫，再洗净备用。

3 另煮一锅水，水开后放入排骨、胡萝卜，以中火炖煮约20分钟。

Tips 排骨放入后，要将表面的浮沫捞出，让汤更为清澈美味，也能减少油脂摄取。

4 放入圆白菜，再煮20分钟，加盐调味即可起锅。

Tips 先煮胡萝卜跟排骨，再放入圆白菜，可避免圆白菜过软，影响口感。

绿竹笋排骨汤

绿竹笋的最大优点，就是能补充膳食纤维。每天膳食纤维摄取量严重不足的人，可以多利用这个好食材。

总热量**32**kcal | 蛋白质**2.8**g

脂肪**1.2**g | 碳水化合物**3.4**g

*以上为一碗（240ml）的营养成分

材料

排骨 70g	水 1200ml
绿竹笋 600g	盐 适量

做法

1 以热水将排骨汆烫，再洗净备用。

2 绿竹笋切成片。

3 在锅中放入冷水、绿竹笋与排骨，先大火煮至水开，再转中火，煮约30分钟，加盐调味即可。

Tips 以冷水煮绿竹笋，可避免煮得过老，影响口感。记得将表面的浮沫捞出。

脆笋排骨汤

脆笋其实是腌渍食品，因此烹煮中可以不用再加盐调味，避免钠含量过高。在购买的时候，也要注意尽量挑选不添加防腐剂的脆笋，且要向有信誉的商家购买。虽然食品添加剂并非都不好，但最好能减少摄取的频率与分量。

总热量**48**kcal | 蛋白质**4.7**g

脂肪**1.3**g | 碳水化合物**7.1**g

*以上为一碗（240ml）的营养成分

材料

排骨 70g	青葱 30g
脆笋 150g	水 1200ml
胡萝卜 100g	

做法

1 脆笋切成片，胡萝卜切小块，青葱切成葱花。

2 以热水将排骨汆烫，再洗净备用。

3 以热水将脆笋汆烫，洗净后泡水约30分钟。

4 煮一锅水，水滚后放入排骨、胡萝卜、脆笋，中火炖煮约40分钟。

Tips 脆笋耐煮，可与排骨一同放入，也可以加一点咸菜提味。

5 关火前，撒上葱花即可。

冬瓜排骨汤

冬瓜热量低，水分含量高，含有矿物质钾，可利尿、消水肿，非常适合在减脂期食用。对牙口不好的长辈来说，也是相当好入口的食材。另外，冬瓜的膳食纤维不算太高，即使是肠胃不好的人也能轻松食用。

总热量26kcal | 蛋白质2g

脂肪1.2g | 碳水化合物2.5g

*以上为一碗（240ml）的营养成分

材料

排骨 70g	香菜 30g
冬瓜 600g	水 1200ml
姜 40g	盐 适量

做法

1 冬瓜切块，姜成切丝，香菜切末。

2 用热水将排骨汆烫，再洗净备用。

3 煮一锅水，水开后放入排骨、冬瓜、姜丝，以中火炖煮约30分钟。

4 加盐调味，撒上香菜即可。

Tips 冬瓜是夏天的食材，只要是当季新鲜的，简单调味就美味。

白芦笋排骨汤

虽然绿芦笋的维生素A、维生素E和钙质含量稍高一些，但白芦笋有着低热量的优点，并含有B族维生素、维生素C等营养素，也是非常好的食材。其实食物没有绝对的好与坏，均衡多样化摄取，对身体才是最好的。

总热量35kcal | 蛋白质3g
脂肪1.3g | 碳水化合物4g

*以上为一碗（240ml）的营养成分

材料

排骨 70g　　青葱 40g
白芦笋 600g　　水 1200ml
盐 适量

做法

1 白芦笋削皮切成段，青葱切成葱花。
2 以热水将排骨氽烫，再洗净备用。
3 煮一锅水，水滚后加入排骨，中火炖煮约20分钟，再加入白芦笋，煮约15分钟。
4 加入盐调味，撒上葱花即可。

PART 9

点心 & 饮品料理

168轻断食的日子里，
两餐之间如果有点小饿时，
不妨来一次点心料理吧。
将乳制品类、坚果类食材打成饮品，
或是做一道口感丰富的沙拉，
都能解馋，
同时控制热量。

南瓜坚果饮

我们常会听说某些食物富含多种营养素，对身体很有帮助，或是有某些食物成分不适合吃，不过这样的说法往往都少了一个关键，那就是“到底该吃多少”。食材比例和分量才是所有饮食问题的关键。

执行168轻断食的日子当中，会在两餐之间规划一道下午的小点心或饮品，除了增加饱足感，也可补充不同的营养素。南瓜属于低GI的食材，也富含膳食纤维，虽然属于碳水化合物含量高的食材，但只要控制好分量即可。坚果是好的油脂来源，牛奶则提供蛋白质及钙质，打成乳饮，就是一道很好的补给饮品。

总热量159kcal | 蛋白质6.5g | 脂肪8.2g | 碳水化合物16.9g

膳食纤维1.6

*以上为一杯（240ml）的营养成分

材料（约500ml）

南瓜 100g　　水 70ml

牛奶 300ml　　综合坚果 10g

做法

1 将南瓜蒸熟。

Tips 南瓜可以一次大量蒸熟，冷冻保存，方便随时使用。

2 将蒸熟的南瓜和所有食材放入料理机，混合搅打均匀即可。

Tips 浓稠度可以自行调整，想要稀一点，就多加点水。

紫薯燕麦芝麻奶

紫薯、燕麦富含膳食纤维，但仍属于碳水化合物含量高的食材，需要适量摄取；黑芝麻能够提供不饱和脂肪酸、芝麻多酚，但属于油脂含量高的食材，热量比较高，也需要控制分量，才能喝得健康。饮品中的淀粉种类可以自行替换，南瓜、紫薯、芋头等都是天然好食材，轮流变化还可摄入不同的营养素。

总热量**198**kcal | 蛋白质**6.8**g

脂肪**9.1**g | 碳水化合物**23.7**g

膳食纤维**2.3**g

*以上为一杯（240ml）的营养成分

材料（约500ml）

紫薯 75g
燕麦 25g
黑芝麻 10g
牛奶 300ml
水 50ml

做法

1 将紫薯蒸熟。

Tips 紫薯蒸熟后可以冷冻备用，随时取出打成饮品，相当方便。

2 将蒸熟的紫薯和其他所有食材放入料理机，混合搅打均匀。

绿拿铁

绿拿铁并没有特定的材料或比例，每个人都能设计自己的配方，也可以视个人喜好调整食材内容。不过我会在意营养素的比例均衡，所以选择的原料必须能提供三大营养素以及膳食纤维。例如，选择香蕉、燕麦提供碳水化合物；花生提供好的油脂，其烟碱酸也相当丰富；菜花提供植化素以及膳食纤维；牛奶提供蛋白质以及多种维生素。只要确立方向，再搭配好各种食材的比例，营养好喝的绿拿铁就完成了。

总热量177kcal | 蛋白质8g
脂肪8.4g | 碳水化合物20.25g
膳食纤维2.4g

*以上为一杯（240ml）的营养成分

材料（约500ml）

菜花 100g	花生 10g
香蕉 50g	牛奶 300ml
燕麦 20g	

做法

1 将菜花仔细洗净，放入热水中汆烫，再捞出，泡于冰水中。香蕉切块。

2 将所有食材放入料理机，混合搅打均匀即可。

营养师建议

许多人刚开始喝绿拿铁时，会担心菜味太重，建议先提高水果的比例，再循序渐进将蔬菜比例拉高。但千万别忘记控制总量，不要变成甜果汁。

土豆番茄汤

这道汤除了使用土豆和坚果外，还添加了毛豆，可以增加蛋白质以及膳食纤维的摄取量，加上番茄可以提供丰富的番茄红素，只要控制好分量，就是一道营养方便的点心。

总热量139kcal | 蛋白质6.4g

脂肪5.9g | 碳水化合物18g

膳食纤维3.9g

*以上为一碗（240ml）的营养成分

材料（约750ml）

土豆 150g
洋葱 60g
番茄 200g
胡萝卜 60g
盐 适量
腰果 15g
毛豆 80g
初榨橄榄油 10ml
热水 200ml
黑胡椒粉 适量

做法

1 将土豆蒸熟，毛豆煮熟。

Tips 毛豆可一次大量煮好并冷冻备用，使用时更为方便。

2 洋葱、番茄、胡萝卜切小块，再抹上少许油，放入烤箱烤10分钟。

Tips 也可以用小火耐心慢煎出食材香味再搅打，成品会更美味。

3 将所有食材、调味料加入料理机，搅打均匀即完成。

蘑菇浓汤

蘑菇浓汤怎么会出现在轻断食的食谱中呢？浓汤通常热量比较高，减重期也可以喝吗？只要适当控制分量，当然可以喝！蘑菇浓汤所用的食材包含三大营养素以及膳食纤维，注意控制油的用量，就能避免热量超标。

在168轻断食期间，正餐摄取的热量为550～700kcal，两餐之间加上200kcal左右的加餐，一天的摄取量为1300～1600kcal，在享用加餐之余，也能保证热量控制。

总热量**153**kcal | 蛋白质**5.1**g | 脂肪**8.5**g | 碳水化合物**15.9**g

*以上为一碗（240ml）的营养成分

材料（约750ml）

土豆 50g
洋葱 120g
蘑菇 300g
腰果 15g
黑胡椒粉 适量
牛奶 300ml
蒜 5g
初榨橄榄油 10ml
盐 适量

做法

1 将土豆蒸熟。

2 蘑菇切对半，洋葱切碎、蒜切末。

3 热锅后加入油，加入蒜末、蘑菇、洋葱，以小火拌炒至熟，加入牛奶煮热。

Tips 由于用油量较少，要耐心地把菇的香味炒出来，才会好吃。也可以在炒完蘑菇后再稍微烘烤，会带出更多美味。

4 将所有食材加入料理机，加入盐、黑胡椒粉，搅打均匀即完成。

Tips 食材可以依比例调整分量的多寡。

土豆沙拉

这道土豆沙拉能一次补充碳水化合物、蛋白质、油脂，还有钙质等营养成分。土豆不仅是优质的碳水化合物来源，而且本身不含脂肪和胆固醇，维生素C含量很丰富，钠含量却很低，只要搭配适当的料理方式，就能吃得营养美味。这道料理当中还加入了奶酪，能够补充钙质，还有可以补充完全蛋白的鸡蛋，和增加蔬菜量的小黄瓜。

总热量50kcal | 蛋白质5.9g | 脂肪1.6g | 碳水化合物2.9g

*以上为半颗蛋白＋50g土豆沙拉馅料的营养成分

材料

土豆 250g	鸡蛋 220g（4颗）
胡萝卜 40g	奶酪 25g
小黄瓜 50g	盐 适量
黑胡椒粉 适量	

做法

1 小黄瓜切成小丁，加盐抓腌一下，出水后将水倒掉，并用冷水浸泡一下，再沥干水分。

2 将土豆和胡萝卜放入锅中蒸熟。蒸到一半时，放入生鸡蛋蒸熟，更为省时。

3 将步骤2的白煮蛋放凉后剥壳，对半切后取出蛋黄，备用。

4 将蒸熟的土豆和胡萝卜用盐和黑胡椒粉调味，接着再加入奶酪和步骤3的蛋黄，拌匀后放入烤箱，设置170℃，烤40分钟。

5 烤好后，加入步骤1的小黄瓜拌匀，放在挖空的蛋白中或放萝蔓叶上享用。

Tips 沙拉吃不完可以放于冰箱冷冻，下次要吃再用干锅炒过。

山药蛋饼

山药含有黏液质，可以参与人体内的免疫调节以及抗氧化，对于肺功能有很大益处。鸡蛋富含蛋白质。蛋白质是构成免疫球蛋白的重要元素，免疫球蛋白可以抵抗细菌病毒的入侵。这道蛋饼当中还加入了洋葱、青葱、香菜等蔬菜，提升口感，同时增加了植化素的摄入。

总热量106kcal ｜ 蛋白质5.2g
脂肪4.9g ｜ 碳水化合物10.8g
*以上为一片蛋饼（100g）的营养成分

材料（约可做6片）

山药 300g	青葱 30g	鸡蛋 165g（3颗）
香菜 20g	洋葱 60g	牛油果油 15ml
盐 适量	黑胡椒粉 适量	

做法

1 山药打成泥，洋葱、青葱、香菜切成末。

2 热锅后加入油，放入洋葱末炒香，再放入葱末、香菜末，稍微拌炒后盛盘。

3 鸡蛋打散，将步骤2食材与山药泥、鸡蛋混合搅拌均匀，加入盐、黑胡椒粉调味。

4 热锅后加入油，放入山药泥蛋液，将两面煎熟即可。

Tips 这道蛋饼没有加入面粉，所以比较不好成形，在翻面的时候可以用盘子倒扣出形状，会比较好操作。

芋头虾松

这道料理的碳水来源，选用了安妈爱吃的芋头；蛋白质来源则是虾仁和鸡蛋，再加上生菜、绿竹笋以及香菜，提供膳食纤维。荸荠主要用来增加口感，但它属于碳水高的食材，所以不能加太多喔！

总热量98.4g | 蛋白质5.8g
脂肪2.5g | 碳水化合物14.4

*以上为一片生菜搭配100g芋头虾松的营养成分

材料

芋头 200g	香菜 20g	虾仁 300g
生菜 200g	绿竹笋 150g	初榨橄榄油 15ml
荸荠 30g	盐 适量	黑胡椒粉 适量

做法

1 芋头、绿竹笋、荸荠去皮切成小块，香菜切末。

Tips 荸荠有时候比较难买，而且要新鲜的才好吃，削皮也比较麻烦，如果不放也没关系。

2 热锅加入油，小火将芋头慢炒至有香气，盛起备用。

3 热锅加入油，加入虾仁、绿竹笋、荸荠炒熟，再加入芋头、盐、黑胡椒粉拌炒，起锅前加入香菜。

4 将芋头虾松放在生菜上，即可享用。

图书在版编目（CIP）数据

168轻断食瘦身餐盘计划 / 黄君圣著. -- 北京：中国轻工业出版社，2025. 6. -- ISBN 978-7-5184-5465-5

Ⅰ. TS972. 161

中国国家版本馆CIP数据核字第2025TU1617号

责任编辑：杨　迪　　　责任终审：高惠京

设计制作：锋尚设计　　责任校对：朱　慧　朱燕春　　责任监印：张京华

出版发行：中国轻工业出版社（北京鲁谷东街5号，邮编：100040）

印　　刷：北京博海升彩色印刷有限公司

经　　销：各地新华书店

版　　次：2025年6月第1版第1次印刷

开　　本：710 × 1000　1/16　印张：13

字　　数：200千字

书　　号：ISBN 978-7-5184-5465-5　定价：78.00元

邮购电话：010-85119873

发行电话：010-85119832　010-85119912

网　　址：http://www.chlip.com.cn

Email：club@chlip.com.cn

240451S1X101ZYW